河川と栄養塩類

管理に向けての提言

大垣 眞一郎 監修　財団法人 河川環境管理財団 編

技報堂出版

監修にあたって

　河川は様々な姿を我々に見せます．岩の間を踊るように流れる渓流，林の木漏れ日の中を楚々と流れるせせらぎ．静かに水を湛える貯水ダム，広き野を周りの景色を映しながらゆったりと流れゆく川．その一方，茶色に濁った激流が土石を流し，河川敷をのた打ち回り，堤防を破壊する洪水．都市への取水により細い流れとなった川，汚染された魚が浮く嫌気的な黒いよどみ．様々な姿です．

　河川の管理は，1997年の河川法の改正以降，治水と利水に加えて，「河川環境の整備と保全」も国と地方の行政の重要な課題となってきています．長い年月にわたる治水，利水，環境(生態系)保全を通して，河川は流域の人々の歴史と文化に深く関わってきました．流域の人々は，河川の安全と利便に加え，潤いのある水辺空間，生態系と歴史の保全される豊かな河川環境を求めています．すなわち，河川を管理するには，実に様々なことを考慮しなければなりません．

　本書は，この複雑で課題が多岐にわたる河川管理のうち，特に窒素やリンなどの栄養塩類に関わるテーマを扱ったものです．河川生態系の第一次生産者である藻類の増殖にまず必要なものは，必須元素としての窒素やリンなどの栄養塩類です．栄養塩類は農作物生産には肥料として多量に使用されます．また，人間と家畜の排泄物には必ず栄養塩類が含まれます．流域や河川生態系における栄養塩類の動態把握，栄養塩類の流出とその抑制，あるいは排水からの栄養塩類の除去など課題が山積しています．治水や利水と環境対応を調和させるために，河川における栄養塩類の管理は最も重要な課題となっているということです．本書は，この栄養塩類管理のあり方を，大学と行政の気鋭の専門家が集まり，2年間にわたり深く検討した成果を取りまとめたものです．栄養塩類に関する基礎的な事項から流域保全の政策まで幅

広い範囲を網羅しています．特に第5章には，栄養塩類管理に関する最も重要な課題を提言の形で取りまとめてあります．提言には一朝一夕には解決できない課題も含まれていますが，関連の機関や研究の場において，今後のデータ収集，調査企画，研究展開あるいは政策策定にこの提言を発展していただければ幸いです．

　本書が，河川行政関係者や水質環境を専門とする研究者・技術者にとどまらず，広く一般の方々あるいはNPOグループの参考となり，より良い河川環境の創造のために栄養塩類の今後の管理に役立てられることを期待します．

　　平成16年12月

　　　　　　　　　　　　　　　　　　　　　　　　　　　　　　大垣　眞一郎

序

　わが国の河川の水質は，BODで見る限りこのところかなり改善されてきましたが，ダム・湖沼における富栄養化に関わる問題ではなお悪戦苦闘している状況です．このため人の飲み水の安全および質の向上，河川生態系の保全の観点より，このような問題の早急な解決が求められています．

　こうした富栄養化の問題は，従来は流域からの窒素，リン負荷によって湖沼などの停滞水域で生じる問題とされてきましたが，水流のある河川においても様々な形で存在しているのではないかという考えのもと，平成13年度から2ヵ年の期間で「栄養塩類濃度が河川水質環境に及ぼす影響に関する研究」を実施してまいりました．

　この研究では，大垣眞一郎先生を座長とする研究会が組織され，栄養塩類に関する課題を整理したうえで，それぞれの課題について各研究者に分担して取り組んでいただきました．大垣眞一郎先生をはじめ本書の執筆者でもある研究委員の先生方には，そのような各課題分野の現象の把握とその解析について大きな努力を払っていただきました．また，当財団の河川環境総合研究所のスタッフも本研究の基礎となる河川の栄養塩類濃度の動向に関するデータのまとめなどに協力いたしました．そして，得られた各分野の研究成果をベースに研究会での熱心な議論を経て，今後の河川水質管理への提言がまとめられました．

　(財)河川環境管理財団では，昭和63年に設立された「河川整備基金」により，河川生態系や水質浄化に関する研究，あるいは，河川をテーマとする市民の交流活動や啓発活動などに対し助成事業を実施してまいりました．また同時に全国的・総合的な視点で当財団が主体となって行う基金事業による調査研究も継続して実施して

まいりました．今回の研究は，こうした基金事業の一環としてなされたものです．

本書は，こうした河川整備基金による研究成果をより広く知っていただくために出版物して発行したものです．富栄養化問題の解決に広く関係者に活用され，河川水質ならびに河川環境に関する保全の進展の一助となることを期待します．

平成 16 年 12 月

(財)河川環境管理財団　理事長

鈴木　藤一郎

名　簿(2004年12月現在，五十音順，太字は担当箇所)

監　修　大垣眞一郎　［東京大学大学院工学系研究科　教授］

執筆者　浅枝　　隆　［埼玉大学大学院理工学研究科教授　**4.1.1**, **4.1.3**, **4.1.4**］
　　　　　井上　隆信　［豊橋技術科学大学建設工学系教授　**4.3.1〜4.3.3**］
　　　　　大垣眞一郎　［前　掲］
　　　　　岸田　弘之　［財団法人 河川環境管理財団河川環境総合研究所研究第二部長　**2.**］
　　　　　佐藤　和明　［財団法人 河川環境管理財団技術参与　**2.**］
　　　　　長岡　　裕　［武蔵工業大学大学院工学研究科助教授　**4.2.2(3)**, **4.2.3(2)**］
　　　　　西村　　修　［東北大学大学院工学研究科教授　**1.**, **4.3.3〜4.3.5**］
　　　　　藤井　滋穂　［京都大学大学院工学研究科教授　**4.2.1**, **4.2.2(1)〜(2)**, **4.2.3(3)**, **4.2.4**］
　　　　　藤本　尚志　［東京農業大学応用生物科学部講師　**4.1.2**］
　　　　　古米　弘明　［東京大学大学院工学系研究科教授　**3.**, **4.4**］
　　　　　渡辺　　拓　［財団法人 河川環境管理財団河川環境総合研究所研究第二部　**2.**］

目　次

1. 河川水質環境における栄養塩類　*1*
1.1　栄養塩類問題に対する取組みの現況　*2*
1.2　河川の栄養塩類に関わる諸現象　*3*
1.2.1　有機汚濁　*3*
1.2.2　貧酸素化，pH の上昇　*4*
1.2.3　植物種，現存量変化　*5*
1.2.4　自浄作用への影響　*6*
1.2.5　硝化による酸素消費　*7*
1.2.6　アンモニアの毒性　*8*
1.2.7　亜酸化窒素の生成と地球温暖化　*8*
参考文献　*9*

2. データから見る日本の河川中の栄養塩類の動向　*11*
2.1　全国河川の現況と推移　*12*
2.1.2　窒素，リンのデータ　*12*
2.1.2　窒素濃度，リン濃度の現況と推移　*16*
2.1.3　ケイ酸濃度　*25*
2.2　栄養塩類濃度に対する影響因子　*27*
2.2.1　降雨水　*27*
2.2.2　肥　料　*30*
2.2.3　畜　産　*32*
2.2.4　洗　剤　*32*
2.2.5　窒素，リンの物質収支　*34*
2.3　日本における基準等　*36*
2.3.1　環境基準と排水基準　*36*
2.3.2　農業用水基準，水産用水基準　*38*
2.3.3　湖沼における規制と管理　*39*
2.4　ケーススタディ 1：多摩川　*41*

        2.4.1　概　　説　42
        2.4.2　窒素，リン　43
        2.4.3　水質特性とその要因　46
    2.5　ケーススタディ2：揖斐川　57
        2.5.1　概　　説　57
        2.5.2　窒素，リン　59
        2.5.3　水質特性とその要因　61
    参考文献　69

3. **欧州の栄養塩類汚染の動向と欧米の将来対策**　71
    3.1　欧州の河川における富栄養化状況　72
        3.1.1　河川の富栄養化の判定基準と評価　72
        3.1.2　pHとDOデータを利用した評価方法　74
        3.1.3　硝酸性窒素による汚染状況　76
        3.1.4　リンによる汚染状況　83
        3.1.5　欧州と日本の栄養塩類濃度比較　86
    3.2　欧州における栄養塩類の管理　88
        3.2.1　統合的な水環境管理の動向　88
        3.2.2　Water Framework Directive (WFD) について　91
        3.2.3　Urban Waste Water Directive について　94
        3.2.4　Nitrates Directive について　95
    3.3　米国における栄養塩類の管理　97
        3.3.1　栄養塩類の判断基準の技術指針づくり　97
        3.3.2　米国の判断基準と水質基準　98
        3.3.3　定量的判断基準と定性的判断基準　99
        3.3.4　判断基準の設定プロセス　100
        3.3.5　ま と め　105
    参考文献　106

4. **栄養塩類に関する現象と課題**　107
    4.1　河川の中での窒素，リンに関わる現象と解析　108
        4.1.1　窒素，リンと生態系　108
        4.1.2　付着藻類　109

         4.1.3 大型植物 *113*
         4.1.4 高次生態系-高次栄養段階生物の栄養塩類および有機物生産 *119*
   4.2 河川における下水由来の窒素，リンの影響と解析 *120*
         4.2.1 日本の下水処理の実態 *120*
         4.2.2 下水処理水からの窒素，リン負荷 *124*
         4.2.3 河川に対する下水処理水負荷の影響の実態例 *127*
         4.2.4 下水処理由来の窒素の形態とその課題 *136*
   4.3 窒素，リンの流出・運搬機構 *142*
         4.3.1 雨水の窒素濃度，リン濃度 *142*
         4.3.2 森林域からの窒素，リンの流出機構 *143*
         4.3.3 農耕地からの窒素，リンの流出機構 *145*
         4.3.4 市街地からの窒素，リンの流出機構 *148*
         4.3.5 窒素，リンの輸送(取込み，硝化・脱窒，溶出，剥離)機構 *150*
   4.4 河川水における窒素，リン管理の必要性 *152*
         4.4.1 欧米における栄養塩類管理状況の精査の必要性 *153*
         4.4.2 既存水質モニタリングデータの総合的な活用 *154*
         4.4.3 河川における栄養塩類濃度レベルの評価のあり方 *155*
         4.4.4 評価に必要な判断基準と管理のための目標設定 *155*
         4.4.5 河川区間や河川流域タイプによる類型化 *156*
         4.4.6 栄養塩類管理のための河川水質モニタリング *158*
         4.4.7 流域管理の中での窒素，リン管理の方向性 *159*
         4.4.8 流域水環境情報のプラットフォームづくり *159*
   参考文献 *162*

5. 河川水質管理への提言 *167*
   5.1 河川水質管理における栄養塩類の捉え方 *168*
   5.2 河川生態系の再生のための栄養塩類濃度管理の必要性 *170*
   5.3 河川水質管理に向けた栄養塩類発生源対策のあり方 *171*

索 引 *175*
欧文索引 *179*

1. 河川水質環境における栄養塩類

1. 河川水質環境における栄養塩類

1.1 栄養塩類問題に対する取組みの現況

　日本の河川の水質問題が深刻化したのは，昭和30年代の高度経済成長期である．産業の発展や都市化に起因して工場・事業場排水および生活排水が大量に流れ込み，有機汚濁化が著しく進行した．ドブ川と称されるほどに外観も悪化し，悪臭を放つ状況を呈した河川も少なくない．また，水質汚濁に加えて底泥のヘドロ化も起こり，魚の棲めない川と化した．このような水質汚濁の深刻な状況を改善すべく，1970(昭和45)年には『水質汚濁防止法』が成立し，翌年，特定施設を有する工場・事業場排水に対する排水基準が設けられた．また，1971(昭和46)年には『公害対策基本法』に基づき環境基準が告示され，河川水質に対しては生物化学的酸素要求量(BOD)等が設定された．これらの施策により，昭和50年代には有機汚濁の進行が抑制され，近年ではBOD基準値の達成率が全国で8割以上となり，有機汚濁の観点から見た河川水質環境は大きく改善されるに至っている．

　河川における有機汚濁が改善される一方で，湖沼や内湾等の閉鎖性水域の有機汚濁に改善の兆しは認められなかった．このため，特に汚濁の著しい東京湾，伊勢湾，瀬戸内海では，1979(昭和54)年より『水質汚濁防止法』に基づく化学的酸素要求量(COD)の総量規制が実施されている．しかし，閉鎖性水域の有機汚濁には富栄養化が大きく関わり，流入する有機物量を削減するのみでは対策が不十分であることが明らかになり，1979(昭和54)年には『瀬戸内海環境保全特別措置法』によるリンの削減指導，1982(昭和57)年には湖沼における窒素，リンの環境基準告示，1984(昭和59)年には『湖沼水質保全特別措置法』制定(翌年から『水質汚濁防止法』に基づく窒素，リンの排水規制)，1993(平成5)年には海域の窒素，リンの環境基準の設定，などの富栄養化防止に対する様々な施策が行われてきている．

　これら富栄養化対策は，閉鎖性水域に限定され，河川を対象とした窒素・リンの規制は行われていない．また，富栄養化対策が実施されている閉鎖性水域に流入する河川では，窒素，リンの規制が間接的になされているとみなせるが，対策はあくまで閉鎖性水域の環境改善を目的としており，河川水質環境から見て十分なものであるのかどうか議論がなされているわけではない．

　河川において富栄養化対策が行われていない理由は，閉鎖性水域における富栄養

化現象ほどに問題が顕在化しにくいことにある.河川生態系は,開放系であるため,栄養塩類を利用する生産者の主役は,付着性藻類である.これは閉鎖系である湖沼や内湾等の生産者が浮遊性藻類であることと大きく異なる.閉鎖性水域において浮遊性藻類の増殖は,水質に直接的な影響を与え,CODの上昇を招くが,河川における付着性藻類の増殖は,水質的に見れば,むしろ窒素,リンの除去という面で浄化であり,直接的にはBODの上昇のような有機汚濁問題を生じない.したがって,河川の環境基準達成に対して,富栄養化対策が有効であるとはいいがたい.

　このようなことから,有機物を指標とした河川水質管理の中で,栄養塩類の影響に関しては問題視されることが少なかった.しかし,富栄養化あるいはその原因物質である窒素等に起因する様々な河川水質環境問題が明らかにされ,河川の有機汚濁が改善されてきている状況において,新たな水質問題として顕在化し,また社会的にも関心を集める状況になっている.

1.2　河川の栄養塩類に関わる諸現象

1.2.1　有機汚濁

　湖沼においては,富栄養化の進行により藻類が異常増殖・集積し,毎年のようにアオコを発生させている所も少なくない.アオコの原因藻類は,藍藻類等の植物プランクトンであり,湖沼においては,その増殖に十分な時間を確保でき,さらに風や流れの影響で集積が起こり発生する.河川においては,流水系であることから植物プランクトンの増殖は起こりにくいが,河川の水理学的な条件が湖沼に近い場においてはアオコの発生が認められる.例えば,オーストラリアのニューサウスウェールズにあるBarwon川およびDarling川では1 000 kmにもわたるアオコの大規模な発生が起こったことが報告されている[1].

　日本の河川は,総流呈が短く急勾配なためアオコの発生には至らないが,例えば,千曲川では河床に大量に繁茂した糸状藻類が剥離して流下し,下流の滞留部(水制間のワンド)で沈降・堆積し,腐敗するという事例が確認されている[2].すなわち,河川の富栄養化によって河床付着生物膜の増殖が促進され,その剥離量が増大し,河川水の有機汚濁,および淵・澱み等への局所的な沈降・堆積による河床の有機汚

濁が生じる．このような河川の富栄養化による有機汚濁は，定性的には理解されているものの定量的な評価の事例は少ない．海老瀬ら[3]は，滋賀県大津市の相模川を調査し，河床付着生物膜の剥離流出は，肉眼でも観察できるほどであり，周日調査において河川流量の変動にあわせて懸濁態COD，Chl-a が変動することから，晴天時のわずかな流量変化でも剥離流出への影響が大きいことを示している．

この結果は，河川の富栄養化によって河床付着生物膜の増殖・剥離が促進され，平水時の水質にも少なからず影響を与えることを意味する．しかし，栄養塩類濃度と河床付着生物膜の増殖の関係，ならびに平水時の剥離との関係は，流速や流速変化，水温，照度等のそれぞれの河川環境に特有の因子で大きく異なる．このため，富栄養化の進行が対象河川において有機汚濁を引き起こすかどうかを評価するのは容易でない．

また，出水時の剥離による有機汚濁は，平水時の測定では検出されないものであり，河川のどこに沈降・堆積するか，その結果生じる底質の有機汚濁化を通じて水質にどのような影響を及ぼすかを把握することも容易でない．

すなわち，日本の河川の富栄養化に伴う有機汚濁は，主に河床付着生物膜の平水時および出水時の剥離によってもたらされるため，これらの現象を正確に把握したうえで河川水質環境に及ぼす栄養塩の影響を論ずる必要があるが，剥離に関して実際の河川での物質収支の観点から定量的に評価した研究はほとんどないのが現状である[4]．

1.2.2 貧酸素化，pH の上昇

河床付着生物膜中の付着藻類は，日中は光合成を，夜間には呼吸を行うことで溶存酸素(DO)の増減をもたらす．その結果，例えば，多摩川中流域の下奥多摩橋付近の淵におけるDO は，日中は過飽和で，午後8時頃から午前4時頃まで低い値で一定となるような日周変動を示した[5]．また，多摩川では，河床付着生物膜の現存量が増加すると，河川水中のDO 変動が大きくなることが確認されている[6]．DOの変動が大きくなり，夜間の大幅なDO 低下が起こると，魚類や底生動物にとっては生息困難な環境となり，生物多様性を減少させる可能性がある．

熊本県の湯桶川では1993(平成5)年の大雨と，1994(平成6)年の猛暑・渇水のため底生動物の群集組成が大きく崩れ，その後の回復が遅れた原因は，藻類の繁茂によるpH の上昇であったとされている[7]．河床付着藻類が大量に存在すると，光合

成によってpHが上昇し，底生動物で1mm以下の有機物粒を摂食するコレクター種が独占的に出現することで付着生物群を摂食するグレイザー種が減少し，付着生物群の現存量を制御できなくなり，それがさらにpHの上昇を促進する．

このように，富栄養化に伴い河床付着藻類の現存量が増加し，光合成が活発に行われるようになることで，貧酸素化，pHの上昇という水質変化が起こり，結果として生物相が変化するなど，河川生態系は大きな影響を受ける可能性がある．

1.2.3 植物種，現存量変化

河川水中の栄養塩類濃度が高くなると，河床付着生物膜中の藻類の現存量や種構成に変化が生じる．Lohmanら[8]は，米国ミズーリ州の12河川における22地点を高い栄養塩類濃度の地点，中程度の地点，低栄養塩類濃度の地点に分類し，それらの地点の岩に付着している生物膜中のChl-a量の平均値が栄養塩類濃度の低下につれて小さくなることを示した．また，出水によって剥離した後の増殖速度は，栄養塩類濃度の高い地点で大きく，Chl-aと全窒素(T-N)，全リン(T-P)の対数値に正の相関があることを示した．

Stelzerら[9]は，水路装置を用いて窒素/リン比(N/P比)を65，17，4とし，さらに栄養塩類濃度によって条件を分け，タイルに付着した生物膜の生物量と種構成に見られる違いについて考察を行った．その結果，栄養塩類濃度の高い水路でChl-aや全藻類量が多くなり，これらはN/P比に影響されないこと，11種の共通藻類のうち，9種は，N/P比，全栄養塩類濃度，またその両方に影響を受け，3種は，N/P比に，2種は，全栄養塩類濃度に，4種は，その両方に種の豊富性が依存すること，また，付着生物膜に含まれる窒素，リンの割合は，流水中の窒素，リンの増加に伴って増加することを明らかにした．

窒素，リン以外にケイ素も重要な栄養塩類である．一般に日本の河川では，珪藻類等の増殖に必要なケイ素が豊富に存在するが，降水・河川増水による供給，珪藻類の増殖による吸収等で短期的な変動が大きい．湖沼においては，生物態ケイ素となって沈降・堆積し，下流の濃度は減少する．例えば，琵琶湖流出水の溶存態のケイ素は，1950年代から70年代に低下し，90年代に増加する傾向が見られているが，これは富栄養化状態とシリカシンクの強弱によって説明されている[10]．このようなケイ素濃度の変化は，湖沼の優占珪藻類の交代をもたらすこと[11]，赤潮の発生における珪藻と鞭毛藻の競争に関与すること[10]が報告されており，富栄養化に対して量

的な制限因子とはなりにくいものの、藻類種レベルでの生態影響は大きいことをうかがわせる。最近では、海域において食物連鎖の起点となる珪藻類の栄養であるシリカの減少が認められ、その影響が危惧されている[12]。この原因としては、陸域における停滞水域の増加、富栄養化の進行、河川における珪藻類の過剰な増殖等が考えられている。

大型植物も河川の水質に大きな影響を与える。例えば、東部イングランドのBrett川では1955年から1998年にかけてDOの長期減少傾向を示したが、大型植物の繁茂により底泥の酸素要求量が大きく増加したことが原因であった[13]。一方で、大型植物の存在は、河川水中の栄養塩類濃度の影響を受け、特に栄養塩類濃度が高い場合には、植物プランクトンの増殖、沈水植物体の表面での付着藻の発生によって沈水植物の発生・生産が抑制され、沈水植物自体が減少する[14]。オランダ国境の28河川で富栄養化および水質汚濁のもたらした大型植物種構成の変化を過去数十年にわたって解析した事例でも、沈水植物種が減少し、浮葉・抽水植物に遷移していた[15]。

これらの結果に示されるように、藻類あるいは大型植物の現存量、および種構成に対して、栄養塩類濃度が重要な影響因子であることは間違いない。さらにそれらの量的、質的変化が河川水質に影響を及ぼし、食物連鎖を通じて他の生物に大きな生態学的な影響を与えている。

1.2.4 自浄作用への影響

河床付着生物膜中の付着細菌は、有機物を分解している。河床付着生物膜による河川水中からの溶存態有機炭素（DOC）の取込みは、河川の重要な自浄作用である。室内水路装置を用いた実験では、実験開始初期に光照射している系で水中のDOCの9〜31%が削減され、照射していない系では30〜55%が削減された[16]。東京都日野市の小水路における付着生物膜を使用した実験においては、生物膜に十分に酸素が供給される状況でDOC除去速度は、生物膜の現存量に増加に伴って大きくなることが示され、逆に酸素が十分でない状況では生物膜量が少ない方が有利であることが示されている[17]。

以上の研究結果に見られるように、自浄作用としてのDOC除去は、付着細菌の働きによるものであるが、付着藻類は、光合成による酸素供給、増殖による生物膜現存量変化を介して間接的に影響を与える。

また，河川における脱窒も自浄作用と捉えることができる．脱窒速度は，流れが速く比較的清浄な流域で小さく，流れが緩やかな汚染された流域で高いこと[18]，流心部より澱み部で大きいこと[19]，などの知見が得られている．これらの結果から，河川の汚濁が進むことで脱窒速度が大きくなることが予測されるが，脱窒には硝化が大きな影響を与えるため，硝化，脱窒への影響をトータルに評価する必要がある．

1.2.5 硝化による酸素消費

河川水質の問題として，硝化反応に基づく酸素消費があげられる．BODの測定においては，窒素化合物，特にアンモニア性窒素（NH_4-N）の硝化に伴って酸素が消費され，本来の有機物による酸素消費（C-BOD）に加えて，窒素由来の酸素消費（N-BOD）が検出されることから指標性が曖昧になる．

N-BODの検出に関して，山田[20]は，河川水中のNH_4-N濃度よりもふらん瓶中の硝化細菌数が重要であることを示した．また，下水二次処理水が流入することでBOD測定における硝化の寄与率が高くなり，N-BOD値は，水温およびNH_4-N濃度と正の相関が高いことを明らかにした．これらの結果は，硝化細菌数が制限的に働いて河川水中での硝化は起こりにくいものの，下水二次処理水中に含まれる硝化細菌によって放流先での硝化が促進されることを示している．

河川における硝化細菌の存在する場としては，水生植物に付着している硝化細菌数が最も多く，次いで藻類表面および岩石表面，次いで底泥中となり，水中での存在量は，底泥中と比較すると2オーダー低い[21]．数値としては，底泥中で$10^5 \sim 10^6$（MPN/mL），河川水中で$10^3 \sim 10^4$（MPN/mL）程度である．河川生物膜中の硝化細菌の活性が低い時は，生物膜の分解に伴うNH_4-Nの供給が促進し，硝化細菌の活性が高い時は，硝化作用が優先する．また，生物膜の分解によりNH_4-Nが供給されると，硝化細菌の活性が高まる[22]．

河床付着生物膜による窒素化合物の取込みについて，硝化細菌と藻類が共存している場合は，日中は藻類のNH_4-N摂取が卓越するが，夜間は硝化と細菌への摂取が卓越する[23]．明条件より暗条件の方が硝化細菌には有利な環境となる[24,25]．また，硝化細菌は河川水中の窒素だけではなく，付着藻類に取り込まれた後，分解により供給される窒素も基質として利用している[20]．すなわち，窒素化合物をめぐる付着藻類と硝化細菌の関係は，明条件においては競争関係にあり，暗条件においては相助関係にあることが推察され，硝化による河川水中の酸素消費は，藻類との相互作

用を考慮して解析する必要がある．

1.2.6 アンモニアの毒性

非イオン化アンモニア(NH_3)は，血中のヘモグロビンと酸素の結合を阻害する作用があり，酸素欠乏の原因となるため，DO濃度が低いと，毒性効果が高まる．降雨時等は，底泥の巻上げにより河川水中のDO低下，NH_3の上昇を引き起こし，魚類等への影響が大きい[26]．半数致死濃度は，数100 μg NH_3/L～数mg NH_3/Lの範囲にあり，ニジマス等のサケ科の魚類は敏感である[27]．

水生生物が正常に生息するには，少なくとも0.02 mg NH_3/L以下を維持することが望ましい[28]．米国では水生生物の保護を目的に，pH 6.5～9.0までの0.1刻み，水温0℃および14～30℃までの2℃刻みにおいて全アンモニア（イオン化＋非イオン化アンモニア）濃度が6.67～0.179 mg N/Lの範囲でガイドラインを設定している[27]．これは，非イオン化アンモニア濃度として0.002～0.097 mg NH_3/Lとなり，0.02 mg NH_3/Lは，pH 7，水温20℃の場合に相当する．

公共用水域の河川水質データから考えると，河川水中のアンモニア濃度は，水生生物に影響を与える可能性があるレベルにある．0.02 mg NH_3/Lを評価指針値とすると，都市河川では有害なレベルにあると評価されるところもある[28]．

富栄養化による低DO，高pHは，アンモニアの有害な影響を大きくする方向に働く．さらにアンモニアは，石鹸等との複合影響[20]も認められており，他の化学物質との複合影響も懸念される．

1.2.7 亜酸化窒素の生成と地球温暖化

亜酸化窒素(N_2O)は，温室効果ガスであり，オゾン層破壊の効果を持つことから，地球規模環境問題への対応として放出抑制の必要な物質である．N_2Oの生物学的な反応における発生経路には，NO_3の還元によるものとNH_4の酸化によるものとがある．河川，河口は，N_2O発生のhot spotと考えられており，河川からのN_2O発生量は，地上の人為的発生源のおよそ30％以上を占めるともいわれている．Coleら[29]は，河川におけるN_2O放出とDIN濃度の関係を調べるために，窒素が飽和したハドソン川流域からのN_2O放出量を18ヶ月にわたり調査した．その結果，河川は，単位面積当りのN_2O発生率は大きいものの，全面積当りでの発生割合は小さく，ハドソン川自体からの寄与は，流域に存在する農地のものに比べてはるか

参考文献

に小さいことがわかった．しかし，河川からのN_2Oの発生量は，その流域にある下水処理施設からの発生量より多く，河川は，N_2Oの発生源としての天然の下水処理施設であると結論付けている．

また，高濃度の硝酸性窒素を含む湧水が流れ込む農地水系（水田，小河川等）では脱窒反応が活発に起き，多量のN_2Oの発生をもたらす[30]こと，下水処理水の流入によって河川水中のN_2Oは高まるとともに大気中に排出する[31]こと，アンモニアの酸化によりN_2Oが生成することなども明らか[32]になっている．

河川の富栄養化がN_2Oの発生を助長するのは間違いない．このような面からの河川の栄養塩類濃度の管理も今後必要になってくると思われる．

参考文献

1) Toxic algal blooms ? a sign of rivers under stress [http://www.science.org.au/nova/017/017key.htm]，2004.11.29.
2) 自然との共生をはかる下水道のあり方検討会編：生態系にやさしい下水道をめざして，技報堂出版，2001.
3) 海老瀬潜一，宗宮功，大楽尚史：市街地河川流達負荷量変化と河床付着生物群(1)，用水と廃水，Vo.l,20，pp.1447-1459，1978.
4) 井上隆信：河床付着生物膜による河川流下過程の水質変化に関する研究，北海道大学博士学位論文，1996.
5) 戸田裕嗣，赤松良久，池田駿介：水理特性が付着藻類の一次生産特性に与える影響に関する研究，土木学会論文集，No.705，pp.161-174，2002.
6) 三島次郎：河川生態系における群集代謝の研究，良好な河川環境をめざして，第8回河川整備基金助成事業成果発表会報告書，2001.
7) 小田泰史，上本清次，久保清：河川の底生動物と礫付着藻との関係に起因するpHの変化，用水と廃水，Vol.42，No.5，pp.13-18，2000.
8) K. Lohman, J.R. Jones,J.R. and B.D. Parkins：Effect of Nutrient Enrichment and Flood Frequency on Periphyton Biomass in Northern Ozarks Streams, *Can. J. Fish. Aquat. Sci.*, Vol. 49, pp.1198-1205，1992.
9) R.S. Stelzer and G.A. Lamberti：Effects of N:P ratio and Total Nutrient Concentration on Stream Periphyton Community Structure, Biomass and Elemental Composition, *Limnol. Oceanogr.*, Vol.46, No.2, pp.356-367，2001.
10) 原島省：陸水域におけるシリカ欠損と海域生態系の変質，水環境学会誌，Vol.26，No.10，pp.621-625，2003.
11) K. Takano and S. Hino：The Effect of Silicon Concentration on Replacement of Dominant Diatom Species in a Silicon-Rich Lake, 陸水学雑誌，Vol.57，No.2，pp.153-162，1996.
12) 原島省：シリカ欠損に関する地球環境問題，地球環境研究センターニュース，Vol.10，No.7，1999.
13) L.B. Parr and C.F. Mason：Cause of Low Oxygen in a Lowland, Regulated Eutrophic River in Eastern England, *Sci. Total Environ.*, Vol.321, No.1/3, pp.273-286，2004.
14) T. Asaeda, V.K. Trung, J. Manatunge and T.V. Bon：Modelling Macrophyte-nutrient-phytoplankton

1. 河川水質環境における栄養塩類

Interactons in Shallow Eutrophic Lakes and the Evaluation of Environmental Impacts, *Ecol. Eng.*, Vol.16, pp.341-357, 2001.
15) C.M.L. Mesters : Shifts in Macrophyte Species Composition as a Result of Eutrophication and Pollution in Dutch Transboundary Streams over the Past Decades, *J. Aquat. Ecosyst. Health*, Vol.4, No.4, pp.295-305, 1995.
16) M. Aizaki : Removal and Excretion of Dissolved Organic Matter by Periphyton Community Grown in Eutrophic River Water, *Jpn. J. Limnol.*, Vol.46, No.3, pp.159-168, 1985.
17) 大久保卓也, 細見正明, 村上昭彦：小水路における水質変化に及ぼす河床生物膜の影響, 水環境学会誌, Vol.17, No.4, pp.256-269, 1994.
18) 川島博之, 鈴木基之：河床付着生物膜による脱窒, 水質汚濁研究, Vol.9, No.4, pp.225-230, 1986.
19) 高橋幸彦, 佐藤洋一, 黒澤幸二, 中村玄正, 牧瀬統, 松本順一郎：都市河川中流域の窒素系自浄作用に関する基礎的研究, 下水道協会誌, Vol.37, No.451, pp.129-143, 2000.
20) 山田一裕：生活排水による汚濁負荷の評価と河川生態系への影響に関する研究, 東北大学博士学位論文, 1998.
21) 福永勲：環境水中における窒素挙動とそれに及ぼす各種影響因子, 水処理技術, Vol.29, No.1, pp.33-42, 1988.
22) 大橋晶良, 原田秀樹, 桃井清至, 寺垣内康平：河床礫付着生物の生分解活性と河川水窒素形態の周日変化, 土木学会第47回年次学術講演会, Vol.47, pp.972-973, 1992.
23) 大橋晶良, 原田秀樹, 桃井清至, 福垣内隆彦：河川における窒素態の挙動に及ぼす河床付着藻類の影響, 土木学会第46回年次学術講演会, Vol.46, pp.1054-1055, 1991.
24) 古米弘明, 上田映子：地方中小都市河川における河床生物膜の成長と硝化活性について, 環境システム研究, Vol.22, pp.182-187, 1994.
25) F. Lipschultz, S.C. Wofsy and L.E. Fox : The Effects of Light and Nutrients on Rates of Ammonium Transformation in a Eutrophic River, *Marine Chemistry*, Vol.16, No.4, pp.329-341, 1985.
26) H. Maguad, B. Migeon, P. Morfin, J. Garric and E. Vindimian : Modeling Fish Mortality due to Urban Storm Run-off ; Interacting Effects of Hypoxia and Un-ionized Ammonia, *Wat. Res.*, Vo.31, No.2, pp.211-218, 1997.
27) United States Environmental Protection Agency : 1999 Update of Ambient Water Quality Criteria for Ammonia, EPA-822-R-99-014, Washington D.C., 1999.
28) 菊地幹夫, 若林明子：アンモニア汚染の環境リスク評価, 東京都環境科学研究所年報, Vol.1997, pp.143-148, 1997.
29) J.J. Cole and N.F. Caraco : Emissions of Nitrous Oxide (N_2O) from a Tidal, Freshwater River, The Hudson River, New York, *Environ Sci. Tech.*, Vol.35, No.6, pp.991-995, 2001.
30) 長谷川聖, 花木啓祐, 松尾友矩, 日高伸：高濃度硝酸態窒素流入のある水田および小河川における亜酸化窒素の生成と分解, 水環境学会誌, Vol.21, No.10, pp.676-682, 1998.
31) 五ノ井浩二, 増田周平, 西村修, 水落元之, 稲森悠平：擬似嫌気好気法を行う下水処理場におけるN_2Oの排出特性, 下水道協会誌論文集, Vol.41, No.501, pp.125-133, 2004.
32) S. Ueda and N. Ogura : Mass Balance and Nitrogen Isotopic Determination of Sources for N_2O in a Eutrophic River, 陸水学雑誌, Vol.60, No.1, pp.51-65, 1999.

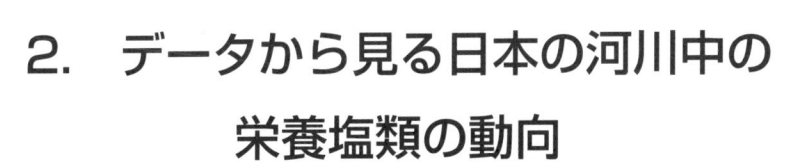

2. データから見る日本の河川中の栄養塩類の動向

2. データから見る日本の河川中の栄養塩類の動向

2.1 全国河川の現況と推移

2.1.1 窒素,リンのデータ

(1) 平常時河川水

河川水の窒素,リンについては,公共用水域および地下水の水質測定計画に基づく測定によってデータの蓄積がなされている.

1998(平成10)年度の公共用水域における全窒素(T-N),全リン(T-P)の測定状況をまとめると表-2.1に示すとおりとなる.

表-2.1 公共用水域における T-N, T-P の測定状況[1998(平成10)年度]

	河川								
	全調査地点数	BOD		COD		T-N		T-P	
		地点数	割合(%)	地点数	割合(%)	地点数	割合(%)	地点数	割合(%)
建 設 省	975	973	99.8	944	96.8	855	87.7	857	87.9
都道府県	3 377	3 275	97.0	2 174	64.4	1 974	58.5	1 974	58.5
政 令 市	1 056	1 049	99.3	900	85.2	787	74.5	810	76.7
そ の 他	584	576	98.6	285	48.8	398	68.2	399	68.3
合 計	5 992	5 873	98.0	4 303	71.8	4 014	67.0	4 040	67.4
	湖沼								
	全調査地点数	BOD		COD		T-N		T-P	
		地点数	割合(%)	地点数	割合(%)	地点数	割合(%)	地点数	割合(%)
建 設 省	81	80	98.8	81	100.0	81	100.0	81	100.0
都道府県	386	132	34.2	386	100.0	374	96.9	374	96.9
政 令 市	28	12	42.9	28	100.0	28	100.0	28	100.0
そ の 他	10	10	100.0	7	70.0	8	80.0	5	50.0
合 計	505	234	46.3	502	99.4	491	97.2	488	96.6

出典:公共用水域データファイル,国立環境研究所環境情報センター情報整備室.

T-Nの分析方法については,1984(昭和59)年頃を境にそれまでの総和法等から紫外線吸光光度法で実施されるようになっている.経年的なデータを整理するうえで,この分析法の違いについて留意する必要がある.

また,国土交通省(旧建設省)測定地点のうち,環境基準点等の主要代表地点131地点について窒素,リンに係る測定項目,測定頻度を整理したところ,以下のよう

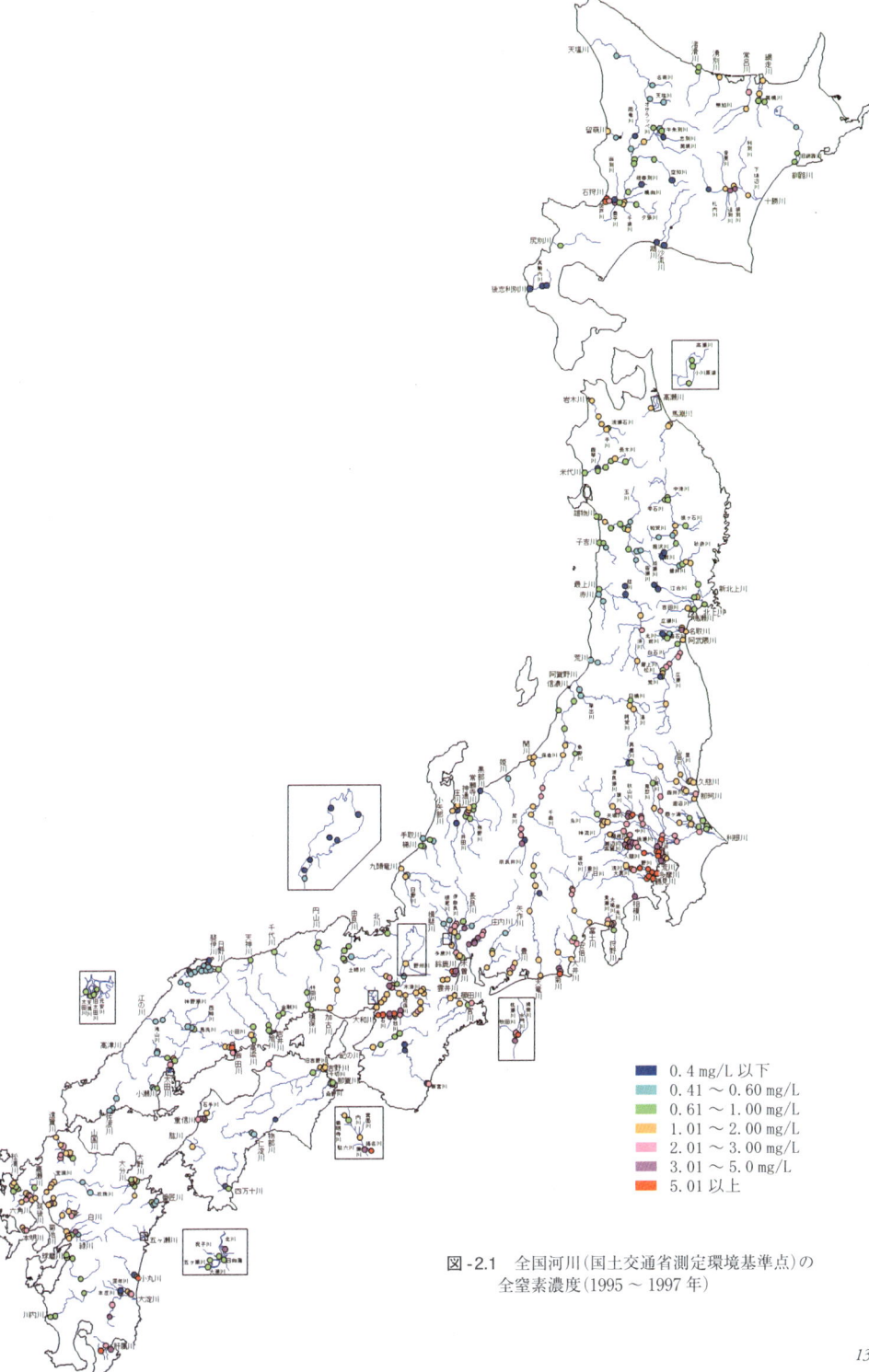

図-2.1 全国河川(国土交通省測定環境基準点)の全窒素濃度(1995～1997年)

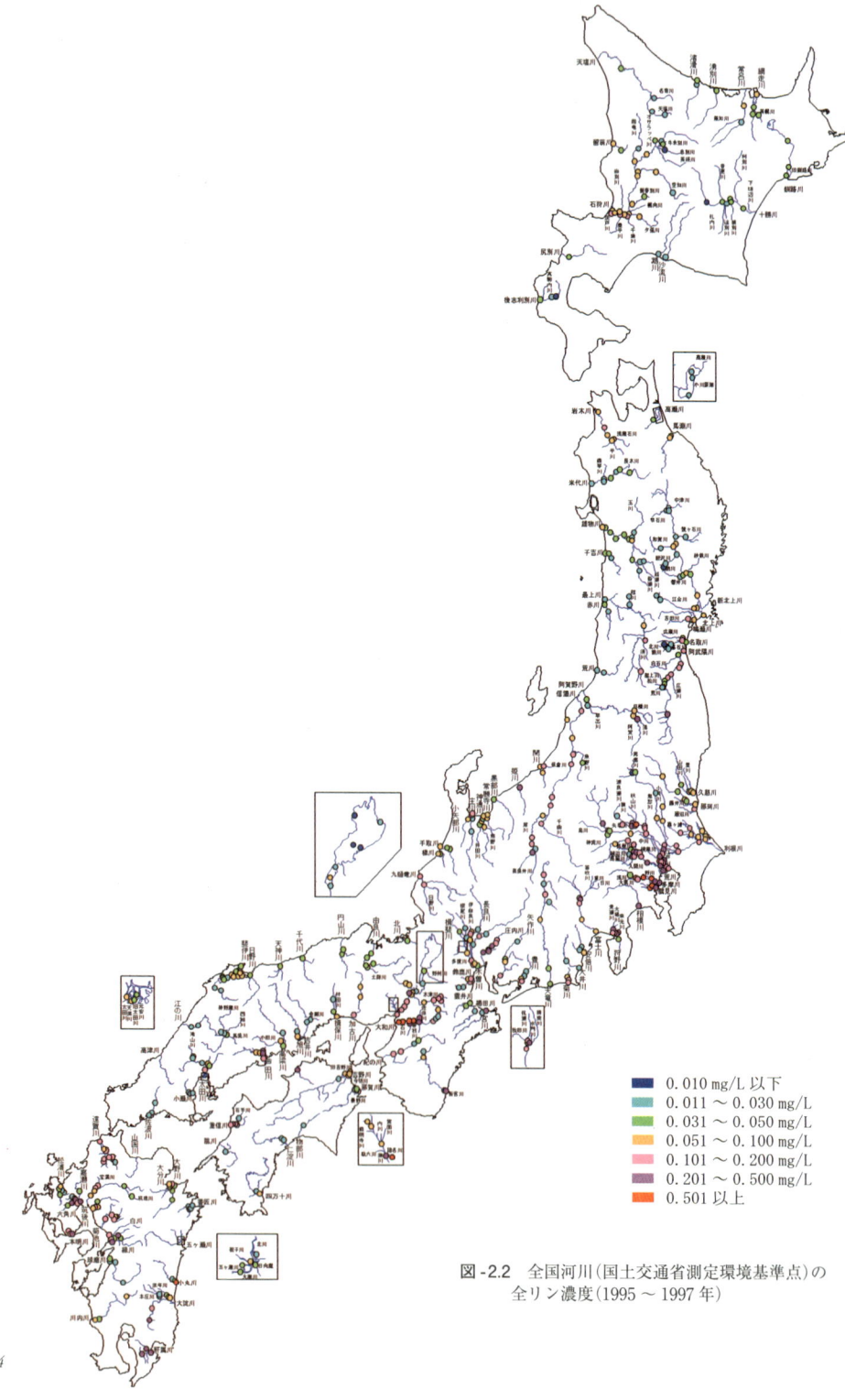

図-2.2 全国河川(国土交通省測定環境基準点)の全リン濃度(1995～1997年)

2.1 全国河川の現況と推移

な特徴が明らかになった．

① T-N，T-P は，1970(昭和 45)年には測定されていないが，1975(昭和 50)年より測定が行われ始めている．一方，アンモニア性窒素(NH_4-N)，亜硝酸性窒素(NO_2-N)，硝酸性窒素(NO_3-N)，オルトリン酸性リン(PO_4-P)は，地点数は少ないが，1970 年以前より測定が行われている．

② 湖沼に係る窒素，リンの規制基準が 1985(昭和 60)年に設定されたのとほぼ同時期に T-N，T-P の測定地点が増えている(現在，代表地点 131 地点のほとんどで測定)．

③ 一方，NH_4-N，NO_2-N，NO_3-N は，T-N，T-P が測定され始めた 1975 年に一度測定地点数が減少しているが，水質環境基準の『人の健康の保護に関する項目』に「亜硝酸性窒素および硝酸性窒素」が追加されたこともあり，現在では多くの地点で測定されるようになっている(代表地点 131 地点の約 8 割で測定)．

④ オルトリン酸性リンについては，1965(昭和 40)年より測定が行われている．1980(昭和 55)年までは測定地点数が増加していたが，1985 年以降減少し，1999(平成 11)年では約半数の地点で測定が行われている．

⑤ 測定頻度については，窒素，リンとも測定されている地点数の約半数の地点で年 12 回測定，約半数の地点が年 6 回以下である．

(2) 降雨時の河川水

水質管理の考え方が濃度中心から濃度と物質量(負荷量)への両面に切り替わってきており，河川における年間総負荷量を把握する重要性が増している．公共用水域の水質測定結果が主に晴天時流出分であることから，降雨時流出負荷を測定し，その影響の大きさを把握することが重要な課題となっている．

降雨時の河川の窒素，リンに関する測定については，研究報告や国土交通省等による調査事例が数多くあるが，公共用水域の水質測定計画のような定期調査として実施されている事例は少ない．ただし，湖沼水質保全計画において湖沼への負荷量と LQ 式の算出が行われており，このための基礎データとして霞ヶ浦等でデータが蓄積されている．

(3) 地下水

『水質汚濁防止法』第 16 条により各都道府県知事が作成する『公共用水域及び地下

水の水質測定計画』に基づき測定が行われている．窒素，リンについては，東京都の例では，地下水の環境基準項目にあるNO_3-NおよびNO_2-Nを年1回の頻度で測定している．

(4) 山林，農地，市街地からの流出

いわゆる面源負荷が注目されるにつれ，林学，農学，あるいは下水道等の分野において，調査事例や研究事例は蓄積されつつある．これらの調査データは，原単位として整理され，湖沼の水質保全計画等や流域別下水道整備総合計画における面源負荷量の算出に利用される．

しかし，武田[1]によれば，湖沼の水質保全計画に用いられる原単位には湖沼によって10倍以上差がある状況にあり，その要因として，調査の対象とした面源の立地条件（土壌や植生，営農方法，雨水排除方式）の影響を強く受けること以外に，調査の測定精度や測定方法が異なること，調査した時期の降水量にかなり幅があることなどを指摘している．したがって，現在のところ全般的に基礎的なデータの蓄積が十分とはいえない状況にあると指摘している．

(5) 雨　水

環境庁（当時）は，1983（昭和58）年度から酸性雨対策調査を実施しており，これまで第1次（1983～1987年度），第2次（1988～1992年度），第3次（1993～1997年度），第4次（1998～2000年度）と実施している．

この調査では，降水中に含まれるイオン性物質の定量に重点が置かれており，その中でNH_4^+，NO_3^-のデータが蓄積されている．このように降水の水質に関する調査では，富栄養化を考える時に重要であるT-N，T-P，COD，BOD等のデータは必ずしも多くないのが現状である[1]．

2.1.2　窒素濃度，リン濃度の現況と推移

(1) 全窒素，全リンの現況と近年の推移

『水質年表』[2]および『日本河川水質年鑑』[3]を利用し，国土交通省で測定されている直轄区間の水質データを整理対象として，T-N，T-Pの約20年前と近年の濃度をとりまとめた．とりまとめにあたっては，窒素，リンのデータが多く測定され始めた1980（昭和55）年近くの年を資料対象年とし，それぞれ3年ずつをデータ整理の期

2.1　全国河川の現況と推移

間とした．
・約 20 年前：1979 〜 1981（昭和 54 〜 56）年の平均値（概ね 20 年前の水質状況）
・近年：1995 〜 1997（平成 7 〜 9）年の平均値

データの整理にあたっては，各水質測定点における T-N, T-P（概ね年間 4 〜 6 回が多いが，年 1 回あるいは年 12 回の地点もある）について各年で平均値を求め，この値をもとにさらに 3 ヶ年の平均値を求めるという方法によった．こうした方法で平均値データが算出できた地点数は，20 年前で T-N 478, T-P 473，近年で T-N 935, T-P 936 である．

これら対象年の年間総流出量[4]は，約 20 年前の約 2 800 億 m³ に対して，近年は約 2 500 億 m³ であり，年間流出量では約 1 割程度約 20 年前の流出量が多い．また，検討対象年はいずれも渇水年等の異常年ではない．

近年の環境基準点（国土交通省測定地点）の T-N, T-P の濃度状況を図-2.1, 2.2 に示す．ここで，『生活環境の保全に関する環境基準』の湖沼に関する T-N, T-P の基準値を参考に濃度を 7 種のランクに区分している．

図-2.1, 2.2 に示すとおり，T-N, T-P の濃度が高い河川は，関東および近畿の都市部河川に集中している．

さらに，とりまとめたデータをもとに約 20 年前と近年の濃度比較を行った．比較にあたっては，全国河川で T-N, T-P を測定している地点のうち，約 20 年前および近年ともに水質が測定されている地点を比較対象としており，地点数は表-2.2 に示すとおりである．

図-2.3 に約 20 年前および近年の T-N 濃度のヒストグラムおよび累積曲線を示す．

整理対象とした 449 地点での中央値（50 ％値）は，約 20 年前が 1.24 mg/L，近年が 1.10 mg/L と同様の値を示している．最小値は，約 20 年前（0.13 mg/L）と近年（0.18 mg/L）が近い値を示しているのに対し，最大値は，約 20 年前（47.94 mg/L）に比べて近年（16.89 mg/L）は小さくなっている．

また T-N 濃度分布の特徴として，T-N 1 mg/L を超える地点が整理対象地点の 59％ 以上と多く，この分布は，約 20 年前から変わらないという点がある．

T-N 1 mg/L 以下は，湖沼の環境基準としては V 類型に指定されている値であり，

表-2.2　約 20 年前と近年の比較対象地点

	T-N	T-P
河　川	379(591)	371(585)
ダ　ム	9(21)	8(22)
湖　沼	61(82)	68(82)
合　計	449(694)	447(689)

注）（　）内は，T-N または T-P の測定値点数．

2. データから見る日本の河川中の栄養塩類の動向

『農業(水稲)用水基準』(農林水産技術会議,昭和46年10月)や環境保全等から設定されている.したがって,水利用の観点では河川のT-N濃度は,約20年前から全国的に高い濃度を示していたといえる.

図-2.4に約20年前および近年のT-P濃度のヒストグラムおよび累積曲線を示す.

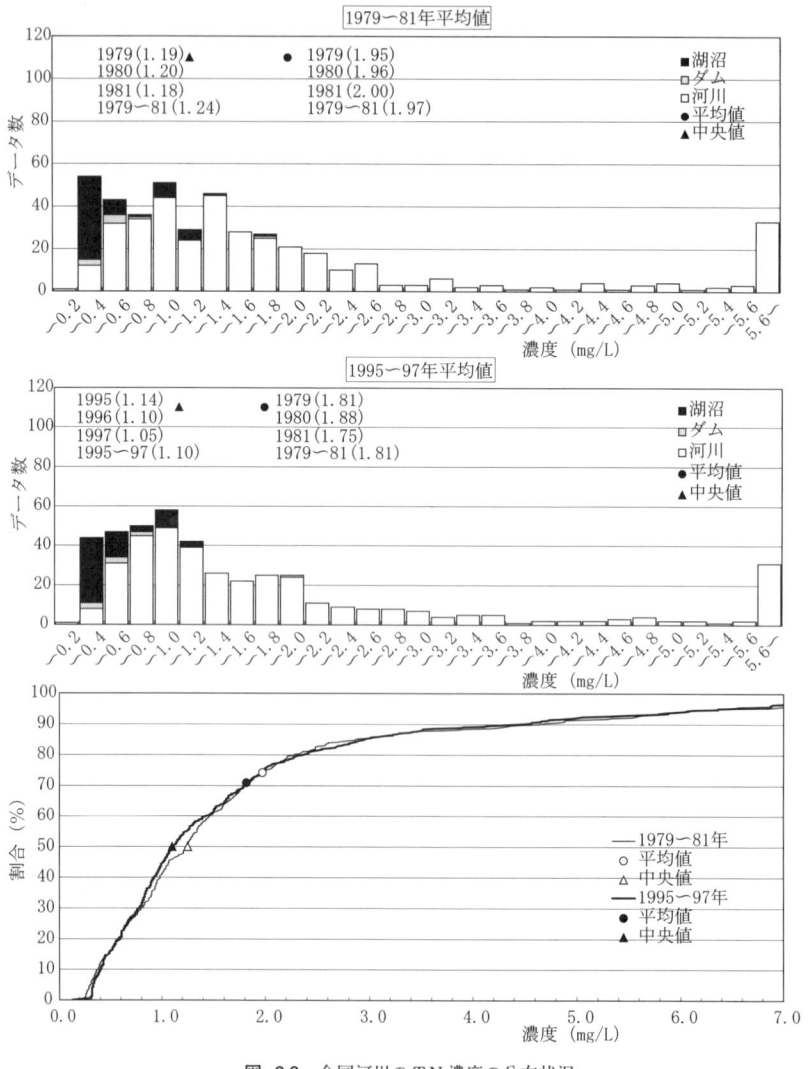

図-2.3 全国河川のT-N濃度の分布状況

2.1 全国河川の現況と推移

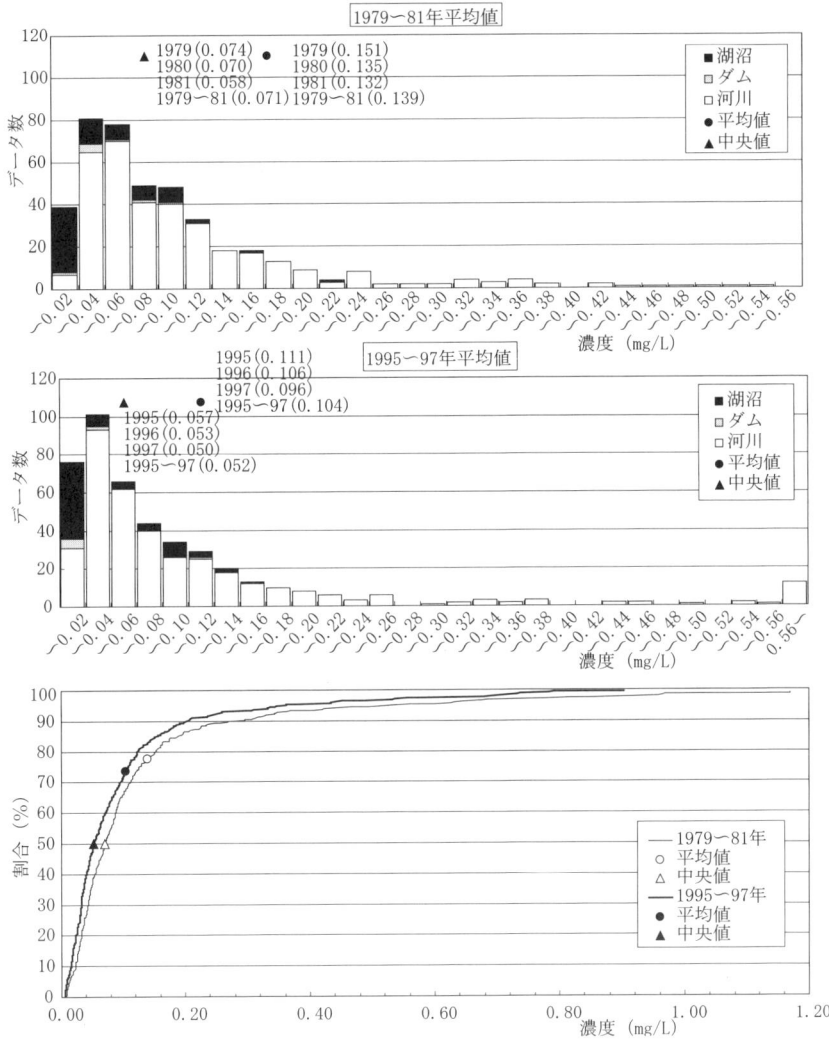

図-2.4 全国河川のT-P濃度の分布状況

近年では,0.05 mg/L 以下の範囲の地点が多くなり,0.05 mg/L 以上の地点数が減少傾向にある.整理対象とした447地点で中央値(50%値)は,約20年前0.071 mg/L,近年0.052 mg/Lと減少している.最小値は,約20年前0.007 mg/L,近年0.005 mg/Lであり,最大値も約20年前3.38 mg/Lに対し近年2.10 mg/Lであ

る．いずれの値も小さくなっている．

　濃度分布で特徴的なのは，中央値を上回る濃度では，濃度が高くなるとともに地点数も減少しているが，0.3 mg/L ～ 0.5 mg/L 付近で再び地点数が増加することである．この特徴は，約 20 年前も現在も同様である．

　湖沼の環境基準では，T-P 0.1 mg/L 以下を V 類型と設定しており，水産 3 種（コイ・フナ等の水産生物用）や環境保全等から設定されている．したがって，環境基準の範囲を上回る地点が一部において存在していることにも注目する必要がある．

　表-2.3 では，約 20 年前の平均濃度を基準に近年の平均濃度を比較し，近年の水質濃度の良化または悪化した地点数を整理した．整理するうえで，約 20 年前との濃度差が 10%以内は"変化なし"とした．

表-2.3　約 20 年前から見た近年の栄養塩類濃度の変化

項　目		近年が良化	近年が悪化	変化なし	合　計
T-N	河　川	131(35%)	135(36%)	113(30%)	379(100%)
	ダ　ム	2(22%)	4(44%)	3(33%)	9(100%)
	湖　沼	11(18%)	26(43%)	24(47%)	61(100%)
	合　計	144(32%)	165(37%)	140(31%)	449(100%)
T-P	河　川	229(62%)	78(26%)	64(17%)	371(100%)
	ダ　ム	7(88%)	1(13%)	0(0%)	8(100%)
	湖　沼	46(64%)	11(16%)	11(16%)	68(100%)
	合　計	282(59%)	90(20%)	75(17%)	447(100%)

1) 約 20 年前の値（1979 ～ 1981 年の 3 箇年平均値）と比べ，近年の値（1995 ～ 1997 年の 3 箇年平均値）の濃度差を整理．
2) （　）内は，合計地点数に対する割合を示す．
3) 濃度差が約 20 年前の 3 箇年平均濃度の 10%以内である場合は，「変化なし」とした．

　T-N について，河川では，比較対象とした 379 地点のうち 135 地点(36%)が約 20 年前よりも 10%以上濃度が上昇しており，低下している地点数(131 地点，35%)をわずかに上回っている．

　一方，T-P については，比較対象とした 371 地点のうち 229 地点(62%)が約 20 年前よりも 10%以上濃度が低下しており，全般に良化傾向にあるといえる．

　約 20 年前と比較して近年の濃度が良化した背景は，河川ごと，地点ごとに様々であると思われるが，下水道の整備進捗による効果（排水のバイパス効果も含む），窒素，リンの排水基準や総量規制の適用，あるいは無リン化合成洗剤の普及等の社

2.1 全国河川の現況と推移

会要因が考えられる.

約20年前と比較して近年の濃度が悪化した背景についても, 河川ごと, 地点ごとに様々であると思われる. 例えば, 流域人口の増加による排水の河川流入量増加や下水道整備による処理場放流口下流における負荷増加等が考えられる. また, 施肥量の増大による畑地からの窒素負荷量の増加, 山林の未管理による浄化機能の低下や表土の流亡に伴う負荷量の増加等, 直接的な要因特定には至っていないが, 何らかの影響があると考えられている社会的要因があげられる.

(2) 窒素, リン濃度の1950年頃, 1980年頃および1995年頃の比較

(1)でまとめた窒素, リン濃度の推移については, 全国的なT-N, T-Pの測定開始が概ね1975(昭和50)年頃であることから, 高度経済成長期以降の人為的影響をある程度受けている状況下での濃度推移をまとめている. それ故, より正確に現在の日本おける河川水の窒素, リン濃度の推移の実態を把握するためには, 人為的影響が小さい頃との比較が重要である. しかし, 公害問題が顕在化したことを受けて, 河川水質調査が全国的に系統的に開始された経緯からみても, 高度経済成長期以前の河川水質データ, 特に窒素, リンに関するデータは少ないのが現状である.

こうした中で1950年頃(昭和30年代以前)の日本における河川水の窒素, リン濃度の実態を示す貴重なデータとして, 小林の研究成果[5,6]に着目した. 小林は, 日本の河川の特質を明らかにするために, 1940年, 50年代にかけて, 日本全国の各地方の主要な川のほとんどを網羅する形で225河川の代表地点1地点ずつ, 約1年間定期的に河川水質を調査した. 各調査地点については,「人為的な影響を避ける意味で, 河川が上, 中流部の山岳地帯を通過して, まさに下流の平野に入らんとする境界点に重点をおいて選定」[6]していることも併せ, これらデータにより人為的影響の小さい状況下での全国の主要な河川水質の実態を把握することが可能である.

本書では, 小林の調査データと水質年表の調査データを比較整理することで, 窒素, リン濃度の1950年頃, 1980年頃および1995年頃の推移について明らかにした. 比較整理にあたっては, 小林の研究成果[6]より, 1950年頃実施された調査河川, 採水地点に対して,『水質年表』の1979〜1981年, 1995年〜1997年の測定地点の所在地を比較して, 近傍とみられる調査地点を抽出した. また, 小林の調査で測定された窒素, リン濃度は, NH_4-N, NO_3-N, PO_4-Pであることから,『水質年表』で抽出した地点の同項目を整理し, 1979〜1981年平均, 1995〜1997年平均値を整理し,

2. データから見る日本の河川中の栄養塩類の動向

小林の調査データとの比較対象データとした．また，**表-2.4** にこれらデータの分析方法を示す．後述するケイ酸も含め，小林の調査における分析方法の精度上の知見はないものの，いずれも比色分析法（吸光光度法）による定量法であることから，水質値を比較するうえで，分析方法の違いによる影響は軽微であると考える．

表-2.4 各調査の分析方法

水質項目	小林の分析方法 [6]	現在の分析方法 [7]
NH_4-N	試料水をいったん蒸留し，溜出水にネスラー試薬を加えて比色	① インドフェノール法 ② 自動分析法
NO_3-N	試料水に塩化ナトリウムとTillmann試薬を加える青色比色	① イオンクロマトグラフ法 ② 銅・カドミウムカラム還元-吸光光度法 ③ 自動分析法
PO_4-P	モリブデン酸アンモニウムと塩化第一スズによる青色比色	① モリブデン青吸光光度法 ② 自動分析法
SiO_2	Dienert-Wandenbulckeの方法（比色）	① モリブデン黄吸光光度法 ② モリブデン青吸光光度法

さらに，比較対象とした地点の河川の流量（年平均流量）を小林の資料と『流量年表』[8] より整理すると，1980年頃の流量は比較が可能であった31地点のうちの21地点で1950年頃の2割増減内の値であり，1950年頃と1980年頃の流況は比較的似たものであった．

水質について比較整理した結果として，1950年頃，1980年頃，1995年頃の測定データがすべて揃っている地点は，NH_4-Nで45地点，NO_3-Nで33地点，PO_4-Pで16地点であった．これら地点の濃度分布を**図-2.5～2.8**に示す．全般的な傾向として，1950年頃と比べ，1980年頃は先に述べたように似たような流況のもとであったが，水質濃度の上昇傾向が見られている．これに対し，1995年頃は1980年頃と比べ，流量が減少傾向にも関わらず水質は同レベルか減少傾向にあることがわかった．以下，各水質項目について分布の特徴を示す．

① NH_4-N：1950年頃の値は，0.05 mg/L以下の地点が全体の約7割を占め，平均値，中央値ともに0.04 mg/Lであるのに対し，1980年頃の値は，それまでなかった0.15 mg/L以上の地点が全体の半数を占めており，平均値で0.22 mg/L，中央値で0.15 mg/Lと約4から5倍に増加している．これが1995年頃の値になると，減少に転じ，0.15 mg/L以上の地点も依然として存在するが，0.1 mg/L以下の地点も多くなっている．ただし，平均値で0.12 mg/L，中央値

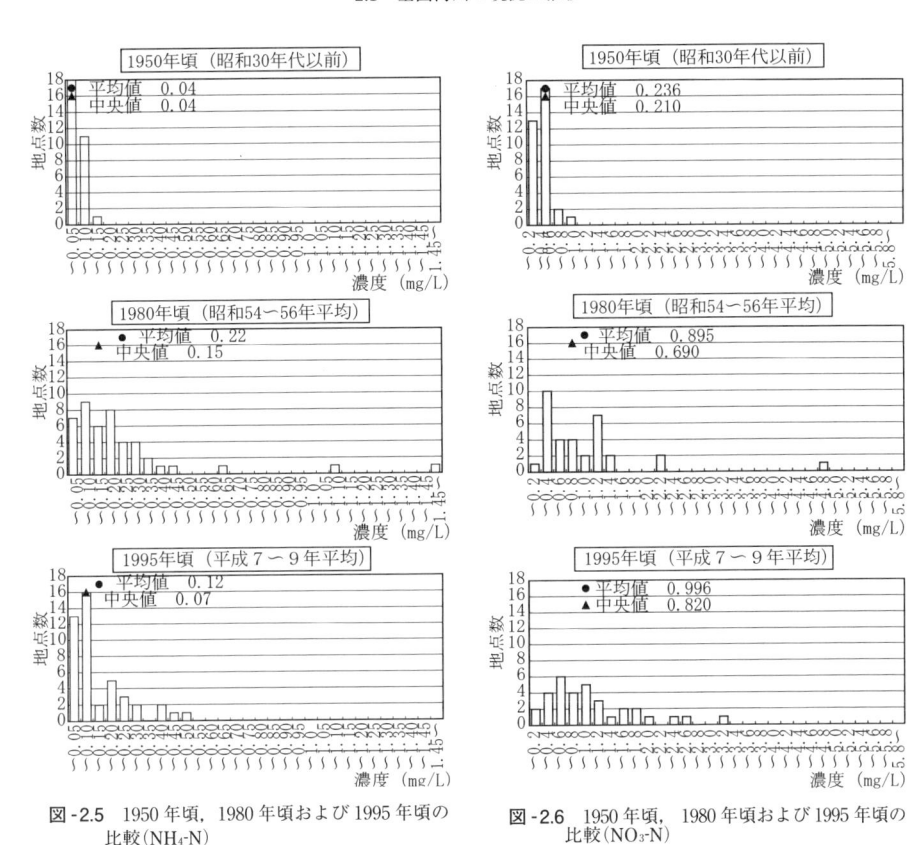

2.1 全国河川の現況と推移

図-2.5 1950年頃，1980年頃および1995年頃の比較(NH$_4$-N)

図-2.6 1950年頃，1980年頃および1995年頃の比較(NO$_3$-N)

で 0.07 mg/L と，その値は人為的影響の少ない 1950 年頃の値と比べると依然として 2〜3 倍程度高い．

② NO$_3$-N：1950 年頃の値は，ほとんどの地点が 0.4 mg/L 以下であり，平均値 0.24 mg/L，中央値 0.21 mg/L であった．これに対し，1980 年頃の値は，0.4 mg/L 以上の地点が増加し，平均値 0.90 mg/L，中央値 0.69 mg/L と全体的に約 4 倍程度増加している．これが 1995 年頃の値でも同様な濃度傾向を示し，平均値 1.00 mg/L，中央値 0.82 mg/L と若干増加している．

③ NH$_4$-N + NO$_3$-N：傾向としては，NO$_3$-N と同様な傾向を示している．

④ PO$_4$-P：比較対象とした地点では，1950 年頃の値は，検出下限に近い地点が多かった(中央値 0.004 mg/L，平均値 0.006 mg/L)．これが 1980 年頃の値で

23

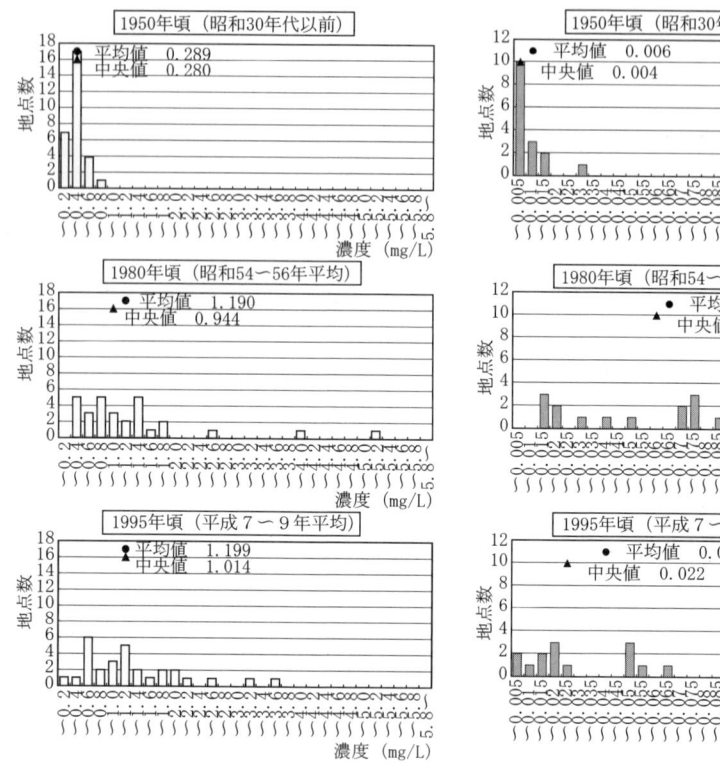

2. データから見る日本の河川中の栄養塩類の動向

図-2.7 1950年頃,1980年頃および1995年頃の比較(NH_4-N + NO_3-N)

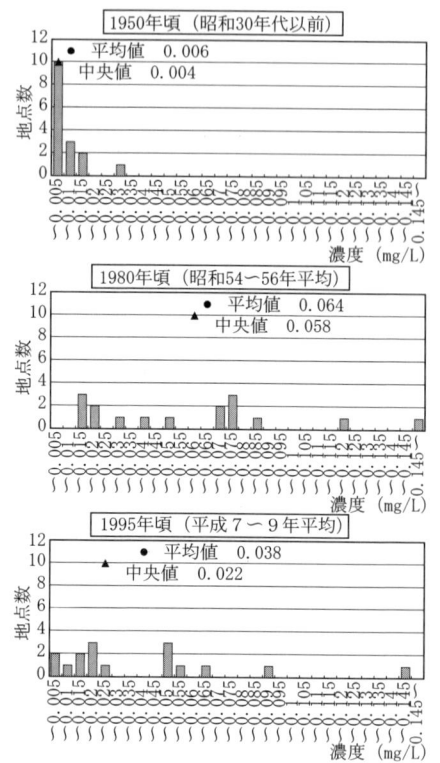

図-2.8 1950年頃,1980年頃および1995年頃の比較(PO_4-P)

は,高濃度の地点が現れ,平均値 0.064 mg/L,中央値 0.058 mg/L と約 10 倍の増加を示した.これが 1995 年頃の値では,1980 年頃の値よりも低濃度の方向に分布が移行し,1980 年頃の値にはなかった 0.01 mg/L 未満のデータが現れるようになり,全体的に減少傾向を示している.ただし,平均値 0.038 mg/L,中央値 0.022 mg/L と 1950 年頃の値の人為的影響の少ない時からは約 5〜6 倍と依然として高いレベルにあるといえる.

上記から,今回比較対象とした河川上・中流域では,現在の窒素濃度,リン濃度のレベルは,過去の人為的影響の少ない時代に比べ,約 3〜5 倍程度高い状況にあると推測され,近年になって NH_4-N,PO_4-P は減少傾向を示す一方で,NO_3-N は増加傾向にあると判断される.

2.1.3 ケイ酸濃度

　一般の河川水中の溶存ケイ酸は，SiO_2として 1～30 mg/L の濃度で存在する．ケイ酸濃度は，流域の地質により左右され，火山地帯の河川や地下水では高くなる．また，水田では稲の倒伏防止等の目的でケイ酸肥料が使用されているため，水田地帯の河川で高い値を示す場合がある．時に古い地下水では，30 mg/L という大きな値が見られるが，これを超えるものは熱水にしか見られないのは，常温，常圧ではシリカの沈殿を生じ，水中濃度が 30 mg/L より大きくなりにくいためである[5,9]．

　稲が属する禾本科植物やシダ類では，葉茎に多量のケイ酸が含まれており，溶存ケイ酸の形で水から吸収する．ケイ酸を利用する植物の代表は珪藻である．珪藻類は，全世界の海洋に分布し，存在量も多い．珪藻類は，「海の牧草」とも称され，水産資源の重要な基礎生産物と考えられている．海洋では，一般的にケイ酸濃度は低く，ケイ酸と他の栄養塩類の供給を受けると，珪藻が爆発的に増殖するケースがあることが知られている．海洋の深層水には，多量のケイ酸が含まれており，深層水が流昇する箇所で珪藻の増殖が促進される[10]．

　以上のように海洋では重要な栄養塩類要素となっているケイ酸は，河川水からの供給が重要な供給源となっている．昨今このケイ酸の供給量と窒素，リンの供給量のバランスが崩れ，沿岸水産漁業に影響を与えているという報告がある．すなわち，窒素，リンの供給量が増加したが，ケイ酸の供給量は増えないため，「海の牧草」となる珪藻類の生産が抑えられ，渦鞭毛藻等の有害なプランクトンが発生しやすくなるというものである[11]．

　ケイ酸は，海洋のみでなく湖沼においても珪藻が発生すると，大きく消費されることが知られている．すなわち，陸域の湖沼の富栄養化が下流の海洋へのケイ酸の供給量を相対的に下げている機構が推定される．最近では，特にこうした観点より，沿岸域の海洋におけるケイ酸の欠乏を問題視する論点が増えており[12]，河川管理者もこうした視点も考慮して河川の富栄養化問題に取り組む必要がある．

　実際，これまでケイ酸は，公共用水域の測定計画でも測定項目に入っておらず，河川のケイ酸濃度の測定事例も少ないものの，いくつかの調査結果では，栄養塩類におけるケイ酸濃度の相対的な低下が明らかになっている．

　表-2.5 に多摩川における測定事例を示す．多摩川の流下方向にケイ酸を測定した結果では，濃度に大きな変化はなかったものの，リン酸濃度が上昇しているため，

下流になるほどケイ酸とリン酸の比率は減少し，ケイ酸濃度の相対的な低下を示した．また，先述した小林のデータを利用して，人為的影響が小さい1950年頃の多摩川(拝島橋)の値と比較すると，ケイ酸濃度に変化は見られないが，リン酸濃度は小さく，現在と比べると，ケイ酸とリン酸の比率は100倍以上となっている．

表-2.5　多摩川におけるケイ酸測定事例

採水地点	水温 (℃)	リン酸 (mg/L)	ケイ酸 (mg/L)	ケイ酸/リン酸
福生市多摩川橋[*1]	24.6	0.076	14.2	187
昭島市拝島橋[*1]	22.1	0.143	12.1	85
日野市中央道下[*1]	21.7	0.941	15.2	16
多摩市関戸橋[*1]	21.7	0.960	17.0	18
稲城市内[*1]	23.3	1.188	17.7	15
川崎市多摩区[*1]	28.8	1.064	14.8	14
昭島市拝島[*2]		0.012	14.1	1 150

*1　1994年6月14日の測定事例[9]
*2　昔の多摩川の測定事例(1942年4月～1943年1月．年6回測定の平均値)[5]

　小林[5]は，1950年頃(昭和30年代以前)の日本における河川水質の実態を把握しており，ケイ酸についても測定している．これら測定結果の濃度分布を図-2.9に示す．1950年頃の河川水中のケイ酸濃度は，10～15 mg/Lの地点が最も多くなっている．

　また，最上川で測定された近年の結果[12]について図-2.10に示す．上流部で，最高値(21.56 mg/L)を示しているが，

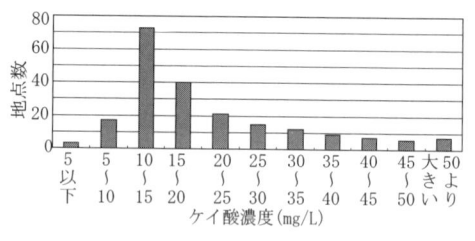

図-2.9　1950年頃のケイ酸濃度分布

河川の縦断方向では，下流まで10～15 mg/Lで推移している．この間，支流(38箇所)の水質は，2.63～16.44 mg/Lの範囲にあり，また，下水処理水(5箇所)も2.36～20.32 mg/Lの範囲にある．ここで，小林の最上川における1955年頃の調査結果と比べると，平均値と採水日のデータとの違いがあるものの，際だった変化は認められない．

　一方，琵琶湖では，小林[5]は，1951年度に年6回の定期的な一斉採水を行った結果，流入河川(22河川)の平均水質でケイ酸は10.4 mg/Lであるにもかかわらず，琵琶湖内ではその4分の1ほどの2.8 mg/Lに減少することを明らかにした．この減少は，湖内での珪藻の繁殖だけで説明がつかず，奇妙な現象であるとしている．

　この現象は，近年(1995年頃)の藤井等の研究[13]でも示されている(表-2.6)．ここでは，河口部に比べ湖表層のケイ酸濃度は，10分の1ほどに減少している．

量は，1970年代に年間3万tのピーク量を示している．この量は，肥料や畜産由来のリン量に比べ1オーダー低い量であるが，雑排水等を経由して河川に到達する率（流達率）は，相対的に高いものと考えられるので，洗剤によるリン濃度の影響はかなり大きかったものと推定される．

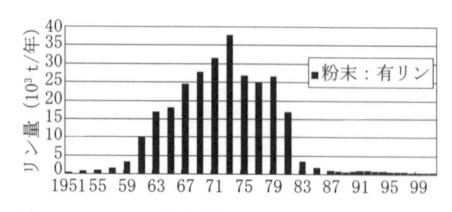

図-2.16 有リン粉末洗剤におけるリン量の経年変化

粉末洗剤の無リン化により洗剤全体のリン量も減少し，1960年代以前とほぼ同程度となっていると推測される．これに伴い生活排水からのリン負荷量も大きく減少することになり，流総における生活排水の1人当りのリン負荷量は1.8 g/人・日から1.2 g/人・日に再設定された．

また，最近の合成洗剤の中には量的にはかつての粉末有リン洗剤よりもずっと少ないが，窒素やリン等を含むものが増えてきているという指摘がある[23]．

2.2.5 窒素，リンの物質収支

窒素，リンは，肥料として生産，流通するほか，食料や飼料にもある率含まれ，これが市場ルートに乗って流通することになる．すなわち，窒素，リンの問題を総括的に理解するためには，窒素，リンに係る物質の流通，消費，廃棄の関係をより正確に把握することが必要である．

これまでに日本における窒素，リンの物質収支の研究も進められている．

水谷[24]は，下水道システムの視点を取り入れた窒素，リンの物質循環図を作成し，佐藤[25]は，これを簡略化して示した（図-2.17）．

また，このほかに農地へのリサイクル容量の視点を取り入れた物質循環図[26]（図-2.18）や食料の視点から見た物質循環図[1]（図-2.19）もある．このような試算結果では，特に牛豚からの流出負荷の算出方法に違いが生じており，排泄物の河川への流達率のとり方の違いによるものと考えられる．

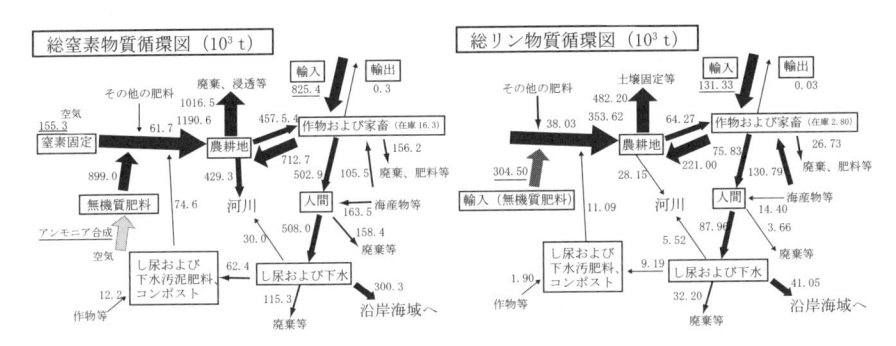

2.2 栄養塩類濃度に対する影響因子

図-2.17 下水道システムの視点を取り入れた物質循環図 [25]

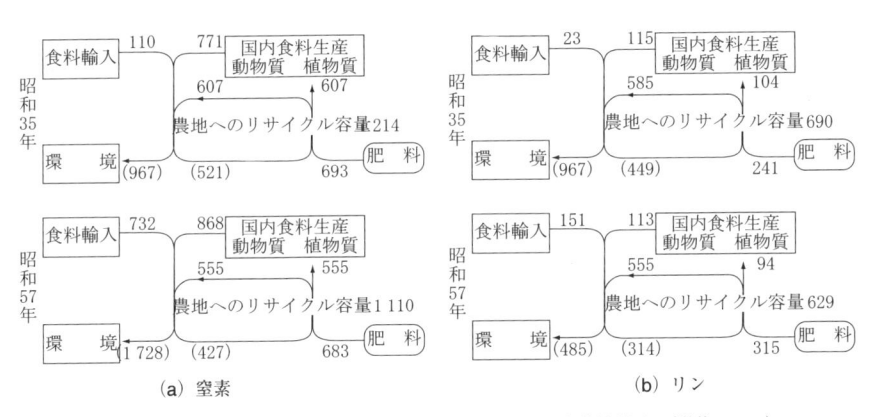

図-2.18 農地へのリサイクル容量の視点を取り入れた物質循環図 [26]（単位：10^3 t）

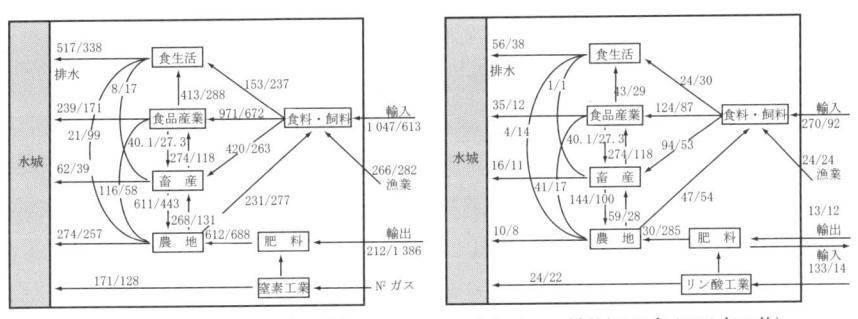

(a) 窒素　　(b) リン

図-2.19 食料の視点から見た物質循環図 [1]（単位：10^3 t/年）

(a) 窒素の循環（1990年/1970年の値）　　(b) リンの循環（1990年/1970年の値）

2.3 日本における基準等

2.3.1 環境基準と排水基準

1971年(昭和46)12月,人の健康の保護および生活環境の保全を図るための施策を推進するため,全国一律に適用される行政目標として水質環境基準が制定されたが,ここでは窒素,リンに関する基準は設定されていなかった.また,事業場排水の濃度規制として設定された排水基準でも,窒素,リンに関する規制は設定されていなかった.

70年代後半より,特に湖沼,内湾等の閉鎖性水域の水質汚濁(富栄養化)問題がクローズアップされ,湖沼水質保全に関する法整備が進められた.この中で1982(昭和57)年に湖沼の環境基準(生活環境項目)において,新たにT-N,T-Pが告示された.T-N,T-Pは,富栄養化を防止し,その要因である植物プランクトンの増殖を抑えるために,植物プランクトンの増殖を主に支配する水質として設定された(表-2.12).この環境基準は,1996(平成8)年度までに琵琶湖(2水系)等の合計48水域(44湖沼)について類型指定が行われた.同様に,窒素,リンについての環境基準は,閉鎖性の海域についても設定されることとなり,1993(平成5)年に設定されて以降,1998(平成10)年4月までに東京湾,伊勢湾,瀬戸内海について,2000(平成12)年3月に有明海と主要な閉鎖性海域についてその類型あてはめが行われている.

さらに1999(平成11)年,健康項目としてNO_3-NおよびNO_2-N(10 mg/L以下)が設定されている.これは,1992(平成4)年の水道水質に関する基準の改正と対応す

表-2.12 生活環境の保全に関する環境基準(T-N, T-P)

項目 類型	利用目的の適応性	T-N	T-P
I	自然環境保全およびⅡ以下の欄に掲げるもの	0.1 mg/L 以下	0.005 mg/L 以下
II	水道1,2,3級(特殊なものを除く) 水産1種 水溶およびⅢ以下の欄に掲げるもの	0.2 mg/L 以下	0.01 mg/L 以下
III	水道3級(特殊なもの)およびⅣ以下の欄に掲げるもの	0.4 mg/L 以下	0.03 mg/L 以下
IV	水産2種およびVの欄に掲げるもの	0.6 mg/L 以下	0.05 mg/L 以下
V	水産3種,工業用水,農業用水,環境保全	1 mg/L 以下	0.1 mg/L 以下

2.3 日本における基準等

る形で設定されており，WHO が高濃度の硝酸塩(NO_3-N で 22 mg/L 以上)を含む水道水を乳児食に使用すべきでないと勧告していること，および飲料水の硝酸性窒素が 10 mg/L 以下の地域で乳児のメトヘモグロビン血症の発症例が報告されていないことから設定されたものである．この基準は，地下水基準にも同様に適用されている．

このように日本におけ窒素，リンに関する水質基準は，特に富栄養化問題に対しては，主に湖沼，海域で設定されてきており，河川水そのものに対する基準はないのが現状である．

一方，環境基準の設定により，湖沼に排出される排水についても窒素，リンの規制が行われることとなり，1985(昭和 60)年『水質汚濁防止法』の一部改正が行われた．この排水基準は，富栄養化しやすい湖沼(主に水の滞留の程度を加味して判定)，およびこれに流入する公共用水域が対象となる．リンの排水基準は，富栄養化しやすい湖沼のすべてを対象とし，窒素の排水基準は，藻類の増殖にとって窒素が制限となっている湖沼を対象としている．

なお，海域の排水基準については，平成 5(1993)年 10 月から閉鎖性海域の流域に対して一律基準が適用されている．

一律排水基準は，排水量 50 m^3/日以上の特定事業場を対象とし，排水基準値は，家庭汚水を沈殿処理した濃度を基準として窒素が 120 mg/L(日間平均 60 mg/L)，リンが 16 mg/L(日間平均 8 mg/L)に設定されている．

暫定排水基準は，直ちに一律排水基準への対応が困難な業種等に適用される．該当する業種は，いずれも使用原料により排水の窒素濃度，リン濃度が高濃度であるもの，または製造工程において硝酸，リン酸等を使用もしくは製造し排水が高濃度となるものであり，対応が困難なものまたは施設改善に一定期間を要するものである．

上乗せ基準の設定は，当該湖沼に環境基準の類型指定を行ったうえで行われる．湖沼に係る窒素，リンの多岐にわたる発生原因に対応し，富栄養化対策の総合的推進を図ることの必要性から条例により設定される．一般基準に対して厳しい基準が設定される．

なお，環境基準に健康項目として NO_3-N および NO_2-N が設定されたことに伴い，排水基準でもアンモニア，アンモニウム化合物，亜硝酸化合物および硝酸性化合物(100 mg/L；NH_4-N に 0.4 を乗じたもの，NO_2-N および NO_3-N の合計量)として追

加され，2001(平成13)年7月に施行されている．

また，濃度規制に加える形で導入された東京湾，伊勢湾，瀬戸内海における総量規制においても，2000(平成12)年より実施された第5次水質総量規制から，それまでのCODだけであった規制項目に窒素，リンの2項目が追加された．

2.3.2 農業用水基準，水産用水基準

以上の法的規制に加えて，日本では農業用水基準，水産用水基準として，それぞれの用途に使用する水質が定められており，この中で窒素，リンに関する基準値が提示されている．

農業用水基準は，「水稲」に被害を与えない限度濃度を検討した結果，望ましい灌漑用水の指標として1970(昭和45)年に定められたものであり，窒素についてT-N 1 mg/Lが提示されている．水稲栽培に対する用水中の窒素の影響に関しては，窒素濃度が高くなると，過繁茂により倒伏しやすくなるほか，収量減にもつながるとされている．また，窒素の形態については，NO_3-NよりNH_4-Nでより強い影響が出ることが認められている[27]．現在の灌漑用水の窒素濃度は，T-N 1 mg/Lを軒並み超えている状況にあり，農業サイドにおいてもこの数値をNH_4-N 1 mg/Lあるいはケルダール窒素1 mg/Lと読み替えて対処している．

水産用水基準については，1965(昭和40)年，水産資源保護の観点より基準の設定がなされた．その後，環境基準が設けられるに従い，水生生物の生息環境として維持することが望ましい基準として1972(昭和47)年に基準が改定強化されることとなった．その後も3回の改訂を経て，現在，『水産用水基準』(2000年版)[28]として公表されている．

水産用水基準には，湖沼と海域についてT-N, T-Pの基準値が示されている．このうち湖沼については，コイ，フナを対象とする場合，T-N 1.0 mg/L以下，T-P 0.1 mg/L以下，ワカサギを対象とする場合，T-N 0.6 mg/L以下，T-P 0.05 mg/L以下，サケ科，アユ科を対象とする場合，T-N 0.2 mg/L以下，T-P 0.01 mg/L以下，となっている．これら値は，湖沼と海域の窒素，リンの環境基準値の値と対応している．

環境基準の健康項目として，NO_3-NおよびNO_2-Nが1999(平成11)年に追加されたが，水産用水基準(淡水域)としてもNO_3-N 10 mg/L, NO_2-N 0.03 mg/Lが提示されている．特にNO_2-Nは，低濃度で水生生物に影響を及ぼすことが指摘されている．

また，環境基準の健康項目，要監視項目に該当しない有害物質の基準値として13項目が示されているが，窒素，リンに関係する項目として「全アンモニア」が示され，淡水域についてその基準値が 0.2 mg/L とされている．

水生生物に対するアンモニアの毒性は，主として遊離のアンモニアによるとされ，1995年版の『水産用水基準』では，遊離アンモニア濃度(NH_3-N)として記述していた［基準値 0.006 mg/L（淡水域）］．NH_3-N は，高 pH で高くなるので，富栄養化した水域では，日中にこの影響が大きく出るといわれている．しかし，近年の知見の集積により，NH_4-N 濃度自体も水生生物に影響を与えることがあるということで，全アンモニアが新たに基準値となった．河川におけるアンモニアの影響は，もっぱらアユに対する数値として検討されているが，アユに対するアンモニアの許容濃度は 1.5～2.0 mg/L と評価され，この濃度に安全係数 0.1 を乗じ 0.2 mg/L の基準値が得られている．

これと平行して，東京都の研究者[29]により，水生生物が正常に生息し繁殖するためには，NH_3-N 濃度として少なくとも 0.02 mg/L 以下を維持することが必要との見解が提示されていたが，風間ら[30]は，近年，神田川にアユが遡上し始めた主たる要因は，NH_4-N の減少であると考察している．

2.3.3 湖沼における規制と管理

以上，日本で施行されている窒素，リンに関する水質基準を見てきた．湖沼ならびに閉鎖性海域の富栄養化問題の解決を目的として窒素，リンに関する種々の規制の取組みがなされている．また，最近では新たに環境基準に追加された NO_3-N および NO_2-N に対して主に地下水汚染の観点より対策がなされつつある．ここでは，湖沼の富栄養化対策の実効をあげるため整備，実施されてきた窒素，リンに関する上乗せ排水基準と湖沼水質保全計画について，日本における窒素，リン負荷の管理の取組みという観点から紹介する．

1984（昭和59）年に立法化された『湖沼水質保全特別措置法』（湖沼法）により，水質保全上重要な湖沼は，指定湖沼に指定され，『水質汚濁防止法』の範囲を超えた広範な水質保全対策を都道府県知事のもとに実施できるようになった．

これまで『湖沼法』のもとに指定湖沼となった湖沼は，表-2.13 に示すとおりである．これらの湖沼では，5年間ごとの期間で『湖沼水質保全計画』を定め，具体的な水質保全のためのアクションプランをたてている．『湖沼水質保全計画』では，下水

2.4 ケーススタディ1：多摩川

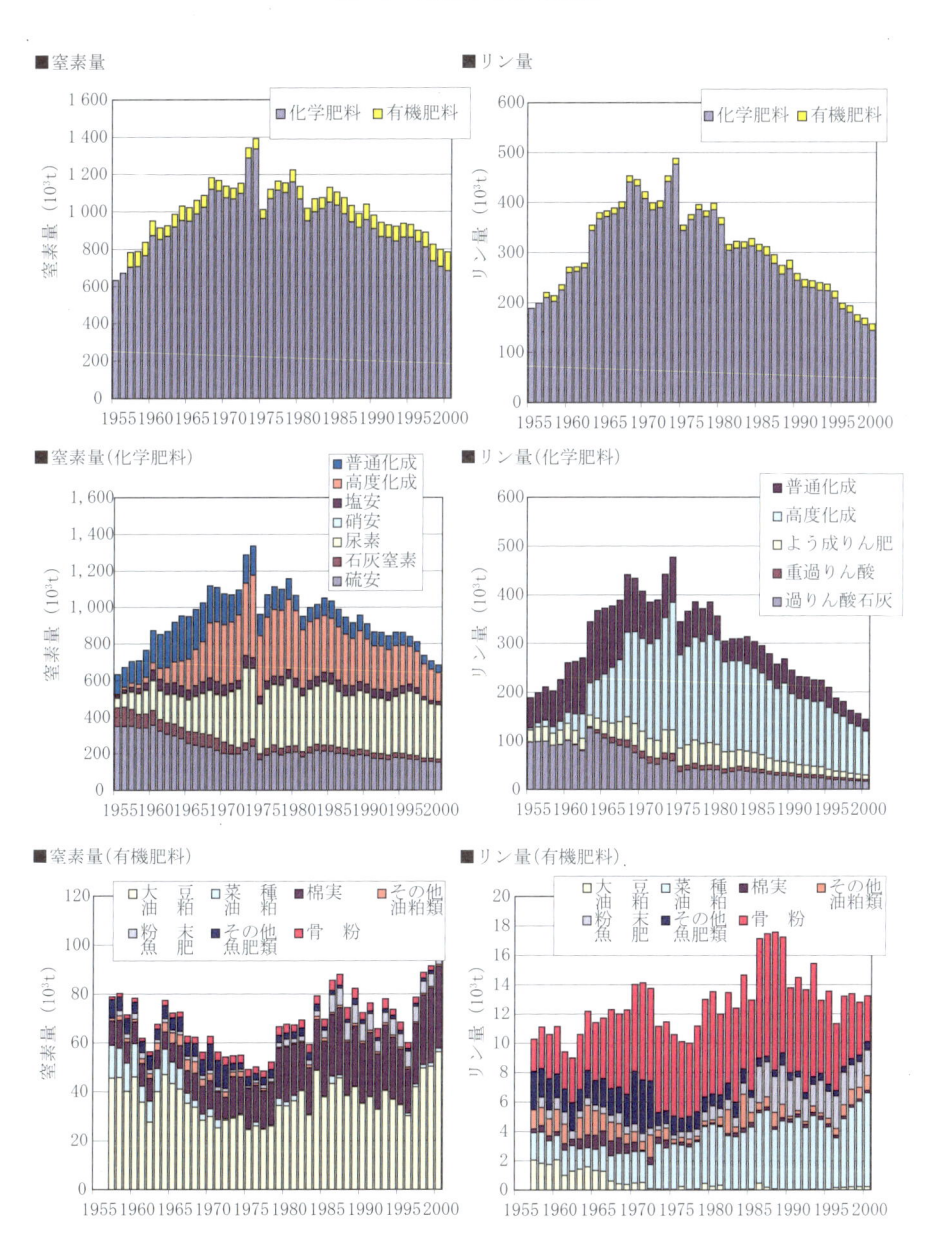

窒素質肥料，リン質肥料および化成肥料国内消費量および
主要有機質肥料の国内生産量に標準含有成分量を乗じて算出

図-2.12　肥料中の窒素，リン量（全国）

2. データから見る日本の河川中の栄養塩類の動向

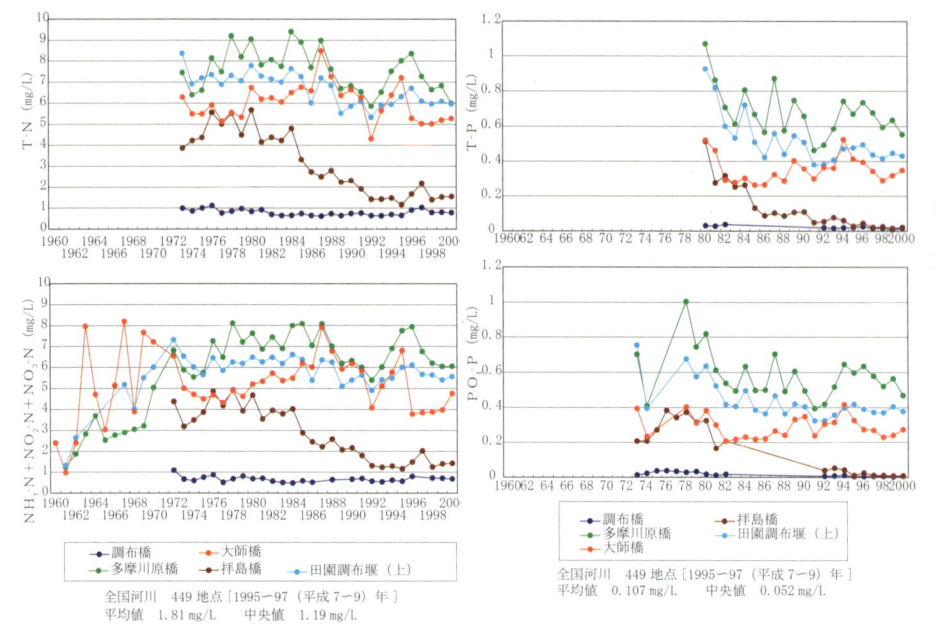

図-2.24　多摩川の窒素濃度の推移（経年変化）

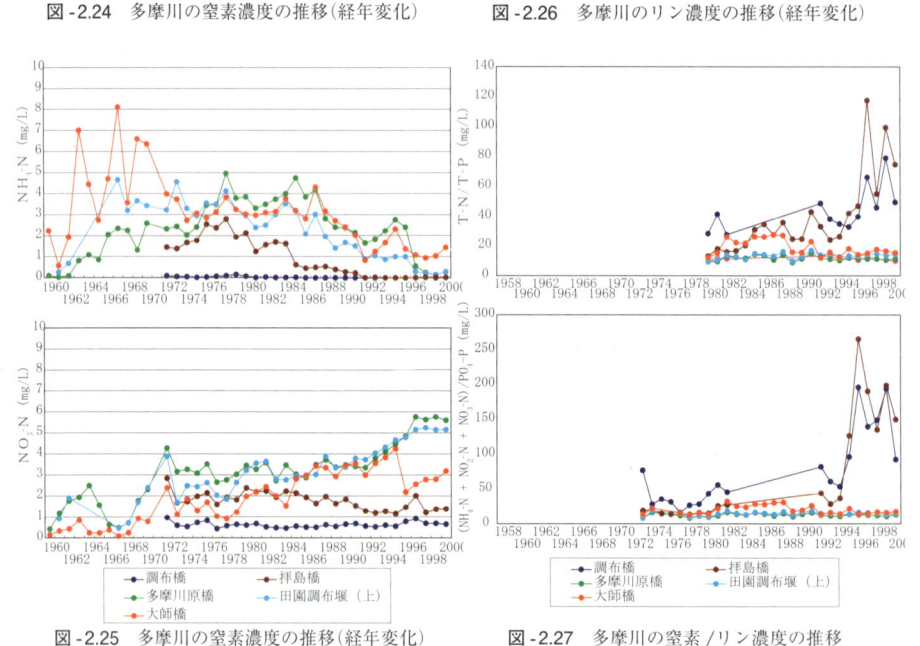

全国河川　449地点［1995-97（平成7-9）年］
平均値　1.81 mg/L　　中央値　1.19 mg/L

図-2.26　多摩川のリン濃度の推移（経年変化）

全国河川　449地点［1995-97（平成7-9）年］
平均値　0.107 mg/L　　中央値　0.052 mg/L

図-2.25　多摩川の窒素濃度の推移（経年変化）

図-2.27　多摩川の窒素／リン濃度の推移

2.4 ケーススタディ1：多摩川

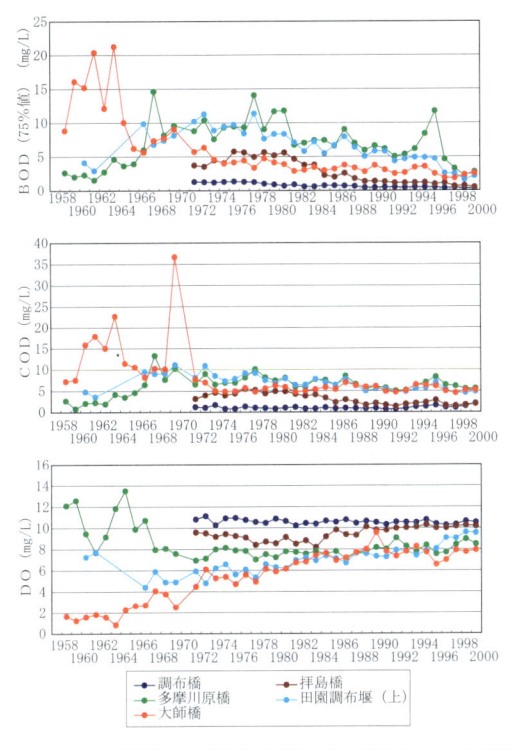

図-2.28 多摩川の有機物(BOD75%値，COD)，DOの推移

図-2.29 多摩川のBOD75%値/COD比の推移

2. データから見る日本の河川中の栄養塩類の動向

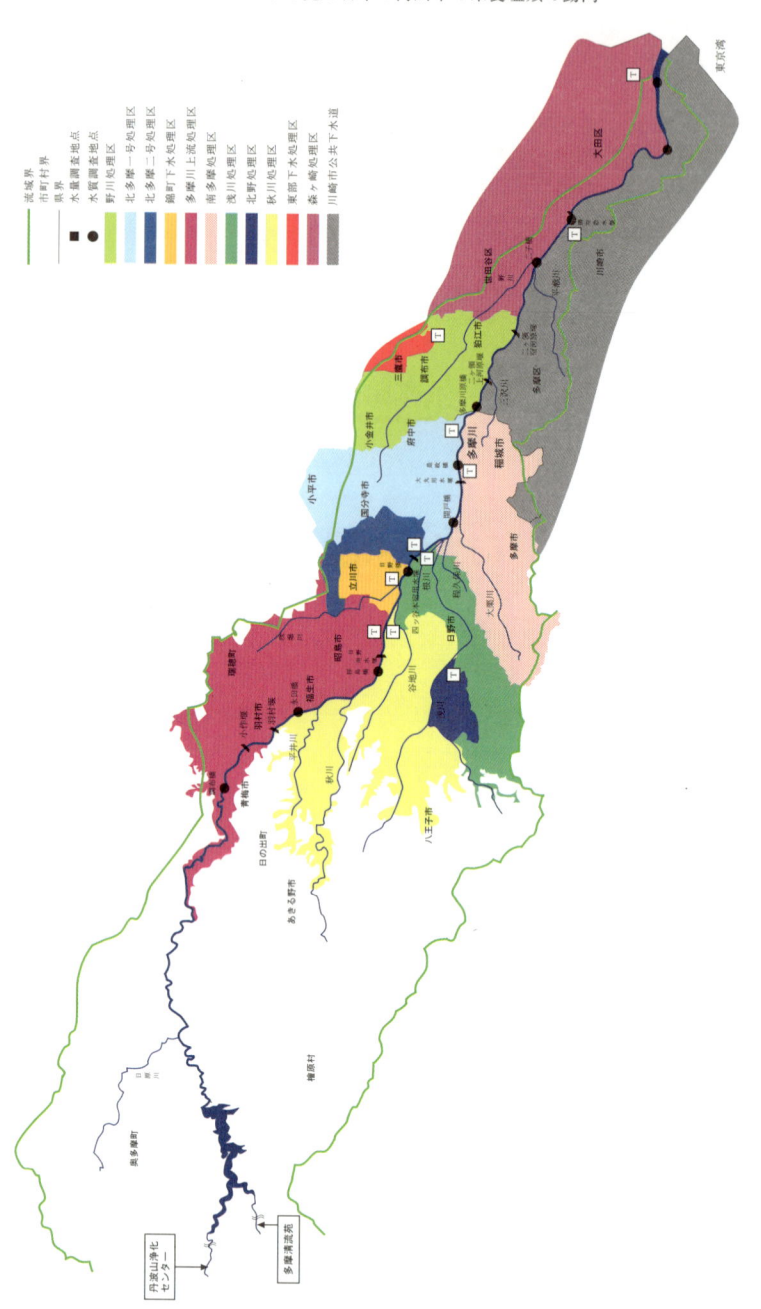

図-2.34 下水道整備計画図

2.4 ケーススタディ1：多摩川

表-2.15 し尿処理施設の稼動開始年

年	し尿処理場
1958(昭和33)年	八王子し尿処理場(八王子市)
1959(昭和34)年	日野市衛生組合(日野市)
1961(昭和36)年	立川・昭島し尿処理場(立川市，昭島市)
	ふじみし尿処理場(三鷹市，調布市)
	清化園し尿処理場(国立市，府中市，国分寺市)
1963(昭和38)年	湖南し尿処理場(武蔵村山市，武蔵野市，小金井市，小平市，東大和市)
1969(昭和44)年	多摩川衛生組合(多摩市，狛江市，稲城市)
	秋川(玉美園)衛生し尿処理場(秋川市，五日市町，日の出，奥多摩，檜原)
	西多摩衛生し尿処理場(青梅市，福生市，羽村，瑞穂))

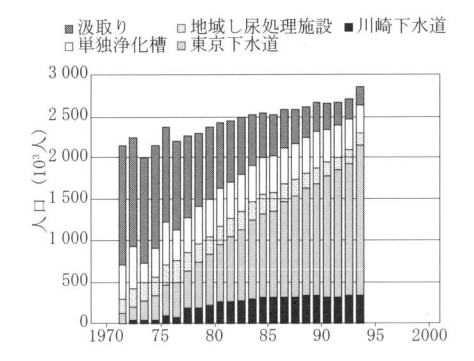

図-2.30 し尿処理形態別人口の推移[37]

るいは好気性消化・活性汚泥法処理方式が多い．これら方式は，2次処理において，20倍程度の希釈水を入れて活性汚泥法や散水ろ床法で処理するものが多く，有機物処理に限定されており，窒素除去は行われない．このことが高濃度のNH_4-Nを放流することになり，多摩川のNH_4-N濃度を上昇させたと考えられる．実際，既往文献[38]によれば(**表-2.17**)，当時のし尿処理施設の処理水中のNH_4-Nは，70〜150 mg/Lという高濃度になっており，また，多摩川衛生組合し尿処理場の処理水水質[37]は，**表-2.18**に示すようにT-Nで55 mg/Lと高濃度であった．

しかし，1982(昭和57)年以降，し尿処理方式の高度化も一部進められており，窒素除去機能を備える方式も取り入れられるようになり，さらに下水道整備の普及とともに，し尿処理量も減少し(**図-2.31**)，し尿処理場から多摩川へのNH_4-N流入負荷量も減少していったと推察される．

2. データから見る日本の河川中の栄養塩類の動向

表-2.16 多摩川流域のし尿処理場処理方式

し尿処理施設	処理方式			
	1981(昭和56)年	1987(昭和62)年	1993(平成5)年	1998(平成10)年
八王子第一	低 二 段	低 二 段	標 脱*	標 脱*
八王子第二	好 気	-	-	-
八王子第三	嫌 気	嫌 気	嫌 気	一次処理
西多摩衛生組合第一	好 気	好 気	好 気	(廃 止)
西多摩衛生組合第二	-	-	好 気	(廃 止)
青梅し尿処理場	-	-	-	高負荷,膜分離*
羽村市汚泥投入槽	-	-	その 他	(廃 止)
羽村市し尿処理施設	-	-	-	高負荷*
日野市し尿処理施設	嫌 気	低 二 段	-	-
日野市し尿処理施設	好 希 釈	低 二 段	-	-
日野市し尿処理施設	好 希 釈	低 二 段	-	-
日野市クリーンセンター	-	-	好 二 段	標 脱*
立川・昭島衛生組合	嫌 気	嫌 気	嫌 気	嫌 気
ふじみ衛生組合	嫌 気	嫌 気		
湖南衛生組合	嫌 気	嫌 気	一次処理	一次処理
清化園衛生組合	化 学	化 学	その 他	その 他
多摩川衛生組合第一	好 希 釈	好 気	高負荷,膜分離*	高負荷,膜分離*
多摩川衛生組合第二	-	好 気	(休止)	-
秋川衛生組合	好 希 釈	好 希 釈	好 希 釈	標 脱*

低二段:低希釈法による二段活性汚泥法処理　　好気:好気性消化・活性汚泥法処理
嫌気:嫌気性消化・活性汚泥法処理　　好希釈:好気性処理のうちの希釈曝気・活性汚泥法処理
化学:化学処理　　標脱:標準脱窒素処理　　一次処理:一次処理後,下水道に放流
高負荷:高負荷脱窒素処理　　膜分離:膜分離処理　　その他:その他の処理
＊　窒素除去能力のある処理方式[文献 40)参照]を示す.
注)　文献 39)より作成:－は,文献 39)に処理施設自体,もしくは処理方式が掲載されていないことを示す.

表-2.17 し尿処理施設二次処理水の性状

項　目	二次処理水	希釈し尿 (20倍)
pH	7 ～ 8	7～8
COD(mg/L)	50 ～ 120	350
BOD(mg/L)	25 ～ 40	600
SS(mg/L)	50 ～ 150	-
T-S	600 ～ 800	-
NH_4-N	70 ～ 150	-
T-N	80 ～ 180	250
T-P	10 ～ 15	20
色度	200 ～ 400	-
Cl	150 ～ 220	150 ～ 220

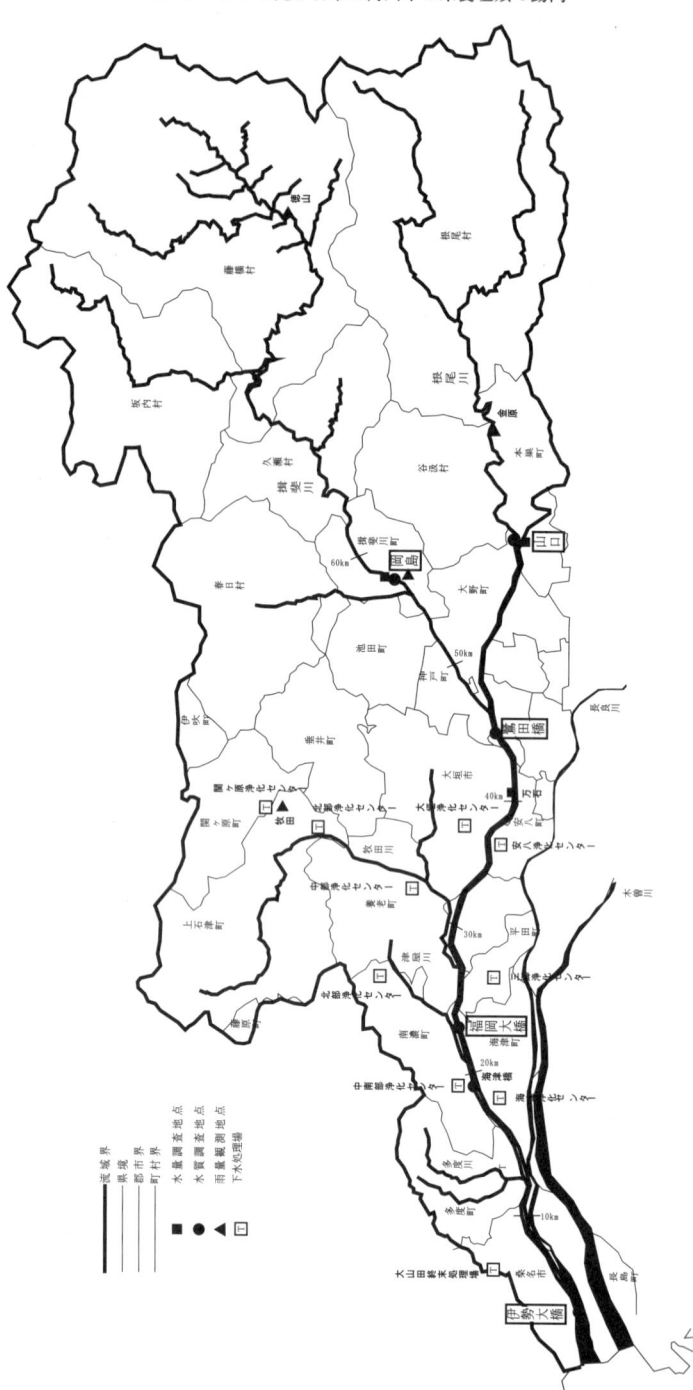

2. データから見る日本の河川中の栄養塩類の動向

図-2.43 揖斐川流域図

クに濃度が上昇した時期がある．特に福岡大橋，伊勢大橋では，1 mg/L を上回り大きく上昇していた．

一方で，NO_3-N については，全体的に 1985 年頃まで高くなり，以降，中下流地点では，横這いまたは減少傾向を示し，上流地点では，横這いからわずかに増加する傾向を示している．

(2) リン

図-2.46（後出）に揖斐川のリン濃度の推移を示す．

T-P については，全地点とも 1985 年前後が最も高く，以降横這いからわずかに減少傾向を示している．

PO_4-P についても，1975〜85 年頃が高く，その後減少傾向を示している．

(3) 窒素／リン比

図-2.47（後出）に N/P 比の推移を示す．全地点とも近年 N/P 比が高くなる傾向にある．

(4) 有機物，DO

図-2.48，2.49（後出）に揖斐川の有機物(BOD，COD)，DO の推移を示す．上，中流部は，有機物，DO とも横這いであるのに対し，下流部の有機物は，1965 年頃（昭和 40 年代後半）〜1985（昭和 60）年頃まで高く，以降，低下傾向を示している．また，BOD/COD 比は，経年的には低くなる傾向を示している．

2.5.3 水質特性とその要因

(1) 福岡大橋の水質値の上昇

揖斐川における窒素，リン，BOD 75％の流下方向の濃度変化と，地点間の流域市町村の人口を図-2.50 に示す．鷺田橋より福岡大橋にかけて，T-N，T-P 濃度が急激に高い値になっていることが特徴である．これは，揖斐川右岸に位置する大垣市からの排水が流入するためである．流入支川としては水門川，牧田川等があり，特に大垣市を流下する水門川の水質が高い（表-2.20）．

2. データから見る日本の河川中の栄養塩類の動向

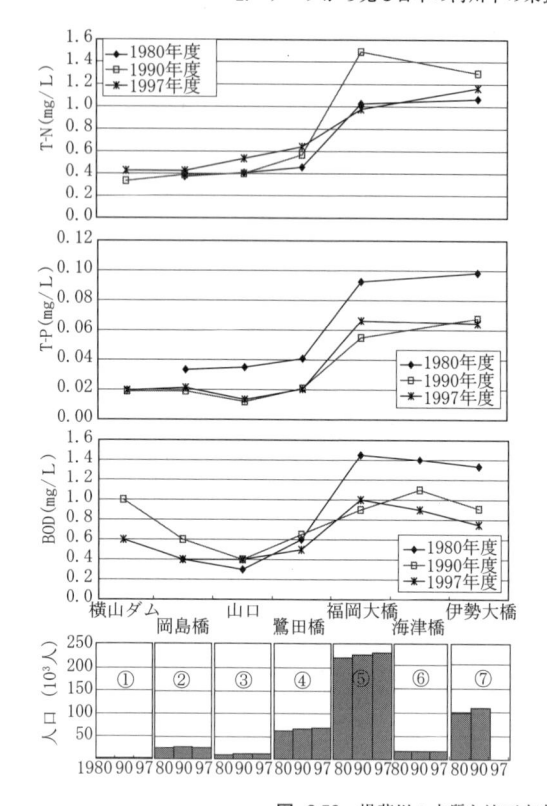

①藤橋村・坂内村
②久瀬村・谷汲村・揖斐川村
③根尾村・本巣町
④春日村・池田町・大野町・神戸町
⑤関ヶ原町・垂井町・大垣市・上石津町・養老町
⑥南濃村
⑦桑名市・多度町

低水流量 (m³/s)

年\地点	岡島	山口	万石
1980年	30.88	17.34	37.77
1990年	30.13	24.13	46.01
1997年	18.36	17.92	24.91

図-2.50 揖斐川の水質と流下方向の変化

表-2.20 水門川二水橋の水質 (mg/L)

項目\年	1989	1990	1991	1992	1993	1994	1995	1996	1997	1998	10箇年平均値
pH	7.2	7.3	7.4	7.3	7.2	7.3	7.3	7.3	7.2	7.2	7.3
BOD	(3.3)	(3.5)	(4.3)	(4.5)	(6.0)	(6.2)	(8.8)	(5.4)	(5.3)	(5.4)	(5.3)
	3.2	3.4	3.6	4.1	5.5	6.1	7.4	5.0	4.5	4.9	4.8
COD	5.8	6.1	6.1	5.5	6.2	6.0	6.6	6.7	6.7	7.1	6.3
SS	18.0	22.0	20.0	15.0	18.0	13.0	24.0	17.0	15.0	21.0	18.0
DO	5.3	5.4	5.8	5.1	5.2	6.5	5.5	5.8	5.0	5.3	5.5
大腸菌群数	5.3×10^4	8.6×10^4	5.3×10^4	1.8×10^5	8.0×10^4	−	−	−	−	−	−
T-N	−	−	−	5.36	5.83	5.21	6.8	5.88	5.49	4.98	−
T-P	−	−	−	0.199	0.250	0.239	0.310	0.326	0.359	0.442	−

出典：日本河川水質年鑑（平成10年版），T-N, T-Pについては日本河川水質年鑑（平成14年版）
注）（ ）内は，BOD75%値．大腸菌群数の単位はMPN/100mL．

2.5 ケーススタディ2：揖斐川

(2) 下水処理場からの放流水の割合

　大垣市の公共下水道(大垣浄化センター)が1962(昭和37)年より，桑名市の公共下水道(大山田終末処理場)が1979(昭和54)年より供用が開始されており，他の下水処理場は1998(平成10)年前後より供用を開始している．下水処理場の年間処理水量について，1980(昭和55)年で約1 200万m³/年(0.38 m³/s)が，2000(平成12)年では約2 550万m³/年(0.79 m³/s)と約2倍になっている．

　揖斐川においては，中流部では，流量観測地点が万石地点しかないので，参考に万石地点の低水流量を基準に，下水処理場の放流水量と放流負荷量の割合を示すと，図-2.51に示すとおりとなる(低水流量：万石地点低水流量，栄養塩負荷量：万石

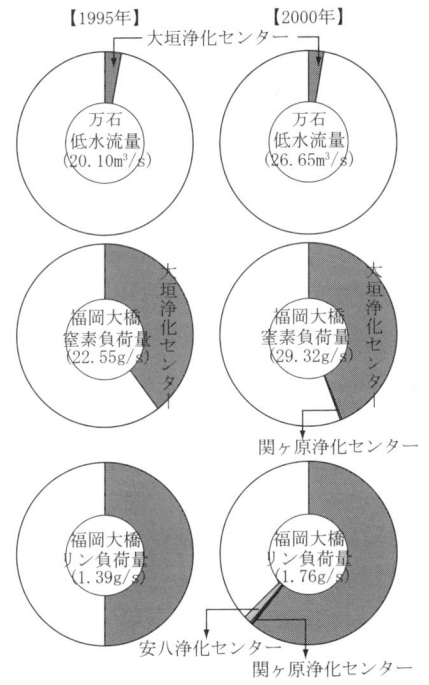

【1995年】　　　　【2000年】

大垣浄化センター

万石低水流量(20.10m³/s)　　万石低水流量(26.65m³/s)

福岡大橋窒素負荷量(22.55g/s)　　福岡大橋窒素負荷量(29.32g/s)

大垣浄化センター　　大垣浄化センター

関ヶ原浄化センター

福岡大橋リン負荷量(1.39g/s)　　福岡大橋リン負荷量(1.76g/s)

安八浄化センター　　関ヶ原浄化センター

福岡大橋負荷量(g/s) ＝万石地点低水流量(m³/s)
　　　　　　　　　　×福岡大橋地点年平均値(mg/L)
(『流量年表』(2000年は1999年の万石流量を使用)，『水質年表』より作成)
下水処理場放流水負荷量(g/s) ＝
　下水処理場晴天時平均下水量(m³/s)×放流水質(mg/L)
　　　　　　　　(『下水道統計』より作成)

図-2.51　万石の低水流量，福岡大橋の窒素，リン負荷量に対する下水処理場放流水量，負荷量の割合

2. データから見る日本の河川中の栄養塩類の動向

地点低水流量×福岡大橋窒素，リン濃度平均値)．

万石地点の低水流量に対して，下水処理場放流水の割合は3％程度であるが，窒素負荷量で見ると約4割，リン負荷量で見ると5～6割を占めている．

表-2.21 河川上流部の

水　系	河　川	地 点 名	河口からの距離(km)	環　境基準点	環　境基　準
天塩川		朝日橋	197.0	○	AA
石狩川	雨竜川	竜水橋	合 32.8	○	A
後志利別川		住吉	26.1	○	AA
雄物川	成瀬川	成瀬川橋	合 0.4	○	AA
北上川	和賀川	柳沢	合 45.2		
	小鬼ヶ瀬川	天子森	合 35.5		未指定
	和賀川	湯田ダム	合 25.7	湖沼○	湖沼A
	和賀川	九年橋	合 0.8	○	A
	胆沢川	下嵐江	合 27.5		AA
	前川	前川橋	合 28.4	○	AA
	胆沢川	石淵ダム	合 25	湖沼○	湖沼AA
利根川		藤原ダム			
		岩本	233.1		A
		群馬大橋	202.4	○	A
	鬼怒川	川俣ダム			
庄川		雄神橋	24.2	○	AA
手取川		白百合口堰堤	17.3	○	A
天竜川	小渋川	小渋	合 5	○	AA
新宮川	河原樋川	河原樋川取水口	合 11	○	AA
佐波川		漆尾	24.8	○	A
小瀬川		小川津	12.1	○	AA
太田川	滝山川	滝山川河口	合 0.3	○	A
		太田川橋	19		A
吉野川	銅山川	柳瀬ダム			湖沼A

選定条件：① 1979～1981(昭和54～56)年のT-N濃度が0.4mg/L以下．
注）（ ）内は，3箇年のデータがすべてないものを示す．

(3) 上流域における全窒素の上昇

上流域(鷺田橋, 山口, 岡島)における BOD, T-N, T-P の推移を図-2.52 に示す. BOD は 3 地点ともに 1 mg/L 程度の値で過去より推移している.

上流域における T-N 濃度は, 現在 0.5 mg/L 前後と全国平均(1.81mg/L. 全国河川 449 地点(1995 ～ 1997 年)に比べ低濃度である. しかし, 岡島頭首工および山口

1980 年代と現在の窒素濃度の比較

T-N (平均値)						3箇年平均*	
1979 年 (昭和 54)	1980 年 (昭和 55)	1981 年 (昭和 56)	1995 年 (平成 7)	1996 年 (平成 8)	1997 年 (平成 9)	1979 ～ 81 年 (昭和 54 ～ 56)	1995 ～ 1997 年 (平成 7 ～ 9 年)
0.17	0.57	0.28	0.42	0.45	0.45	0.34	0.44
0.30	0.36	0.38	0.42	0.33	0.38	0.35	0.38
0.05	0.11	0.22	0.21	0.14	0.18	0.13	0.18
	0.33	0.43	0.42	0.39	0.47	(0.38)	0.43
		0.26	0.54			(0.26)	(0.54)
		0.15	0.54	0.25	0.36	(0.15)	0.38
		0.23	0.65	0.39	0.38	(0.23)	0.47
		0.33	0.57	0.54	0.48	(0.33)	0.53
		0.31	0.34	0.29	0.22	(0.31)	0.28
		0.15	0.24	0.21	0.22	(0.15)	0.22
		0.19	0.36	0.30	0.28	(0.19)	0.31
0.28	0.25	0.21	0.30	0.37	0.32	0.25	0.33
	0.44	0.28	0.68	0.73	0.70	(0.36)	0.70
		0.33		0.95	0.93	(0.33)	(0.94)
0.22	0.23	0.21	0.21	0.31	0.27	0.22	0.26
		0.16	0.34	0.40	0.33	(0.16)	0.36
	0.40	0.36	0.49	0.52	0.69	(0.38)	0.57
0.51	0.21	0.33	0.38	0.38	0.34	0.35	0.37
		0.31	0.23	0.16	0.01	(0.31)	0.13
0.36	0.31	0.40	0.48	0.52	0.46	0.36	0.49
		0.35	0.52	0.40	0.40	(0.35)	0.44
	0.39		0.38	0.50	0.45	(0.39)	0.44
0.42	0.26	0.34	0.69	0.66	0.73	0.34	0.69
0.34	0.34	0.49		0.52	0.45	0.39	(0.49)

②河口からの距離で概ね 20km 以上の地点.

3.1 欧州の河川における富栄養化状況

なお，NH_4-N に関しては，潜在的な毒性評価も重要となる．魚類等の水生生物に対するアンモニア毒性は，pH や溶存固形成分，水温に依存する．具体的な基準値として，表-3.8 に示している Freshwater Fish Directive(Directive 78/659/EEC) の値がある．

リンは，窒素化合物と異なり浮遊物質や沈殿した物質と強く結合する特性があるため，通常自然水域において最も量が制限されている栄養素となりやすい．生物に利用可能なリンは容易に有機物の中に取り込まれるため，自然状態での値は溶存態の反応性リンとして，0〜0.010 mg P/L，全リン(T-P)として(0〜0.005)〜0.050 mg P/L 程度であるとの報告がある．

表-3.1 河川の窒素濃度の参考値

	硝酸性窒素	亜硝酸性窒素	アンモニア性窒素	遊離アンモニア
低レベル	0.1	0.001	0.015	0.005
高レベル	1	0.015	?	0.025

河川の富栄養化状態は，様々な方法で各国によって表現され，評価されている．水生植物による河床の被覆度による評価(小河川)や植物プランクトンの指標であるクロロフィル濃度の測定(大河川や流れが緩やかな河川)等がある．窒素，リン等の栄養塩類濃度ではなく，直接的に植物プランクトンの増殖状況を示す指標であるクロロフィル-a (Chl-a)濃度と河川の富栄養化との関係に関して信頼できる参考値を提示することは一般的には困難である．しかし，河川の富栄養化を長く問題視してきたフランスでは，富栄養化に関連して特有の評価方法(Agences de l'Eau, 1997)を使用している．この方法では，リン濃度と植物プランクトンの増殖レベルとの関係について，1 mg P/L が 1 mg Chl-a/L を生産するという仮定を示して，河川水中のクロロフィル量から富栄養化の分類方法が確立されている．

水生植物や藻類の光合成や呼吸の結果，溶存酸素(DO)の飽和率には大きな日間変動が生じる．pH も光合成に伴う炭酸消費により上昇する．光合成の結果，酸素は生成されるものの，増殖した藻類が呼吸したり，死滅分解する段階に至ると溶存酸素が消費されることになる．

欧州でも，河川の富栄養化指標となる水生植物による被覆度やクロロフィル濃度が定期的にモニタリングされていない状況にある．例えば，EEA(European Environmental Agency)が 1992 年から 1996 年までのクロロフィルに関するデータを収集して解析を行っているが，測定データは 363 の河川観測点からしか得られていない(東欧地域で 52 地点，スカンジナビア地域で 22 地点，西欧地域で 289 地点，

南欧地域では0地点).

したがって，多くの河川での富栄養化状態を詳細に評価するためには，pHと飽和率という2つ一般的な水質因子を用いて間接的に富栄養化状態を評価する方法が試みられている．

3.1.2 pHとDOデータを利用した評価方法

pHやDOに加えてクロロフィル測定がなされている測定点での水質データを利用して，相互関係を調べる．この相互関係を導き出すことは，次に示すような植物プランクトンや付着藻類の増殖として観察される富栄養化現象に対する応答として，河川水のpHやDOが敏感に変化する事実に基づいている．

① 藻類などによる光合成反応の結果，水中のpHやDO濃度の上昇がもたらされる．逆に，呼吸によりこれらの値は低下する．

② 藻類を含む有機物を大量に含む汚染された河川では，微生物分解・呼吸により夜間の酸素消費が顕著となる．

③ DOの日間変動は，光合成，全呼吸量，大気との酸素交換の度合いの関係に依存している．

すなわち，pHやDOの変化を知ることは，付着藻類や植物プランクトンの活動レベルを知ることを意味しており，結果として富栄養化状態を評価することにつながる．そこで，河川水中のDO飽和率の変化(年間最大値から年間平均値を引いて算出)およびpHの変化(年間最大値から年間平均値を引いて算出)を求め，そして当該河川のクロロフィルの年間最大値との関係を導く．この関係を求めることにより，河川のクロロフィル濃度が測定されていない場合にも，pHとDO飽和率の最大値および平均値が与えられると，その河川の最大クロロフィルを推定することが可能となる．

この間接的な評価方法の利用には，限界があるものの，図-3.1, 3.2に示されるように実用に耐えられるレベルの良好な相互関係が得られている．この図では，pHではなく，pH値から計算することができる酸度の変化およびDO飽和率の変化とクロロフィル濃度との間について関係が示されている．データプロットが多数ある範囲が太い帯状にして示されている．現実には，この帯状の範囲を超えたデータもあるものの，概略として，酸度変化の大きなものほどクロロフィル濃度の最大値が大きくなる傾向が伺える．このことは，pH変化が大きな河川ほど富栄養化が

3.1 欧州の河川における富栄養化状況

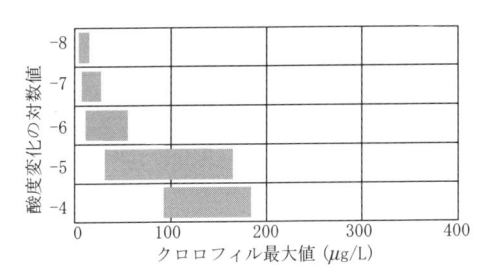

図-3.1 酸度変化とクロロフィル最大値との関係

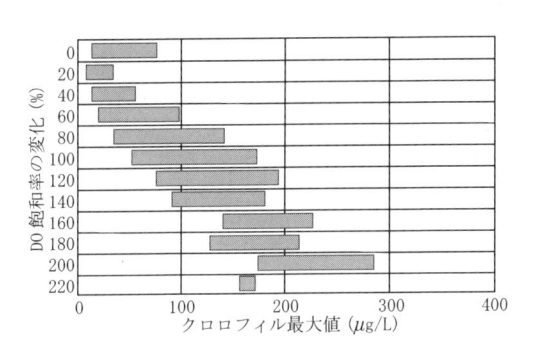

図-3.2 DO飽和率の変化とクロロフィル最大値との関係

進行している状態にあることを示唆している．また，DO飽和率の変化についても，酸度の変化量と同様に変化量が大きくなるほどクロロフィル濃度の最大値は増加している．

EEAが収集し利用可能な2628の水質データに基づいて行った分散解析から，表-3.2に示すような富栄養化のレベルを6つに分類されている．この関係によって，クロロフィル，pHおよび/またはDOを観測している地点を'富栄養化の状態'を示す6つのレベルに分類することができる．

表-3.2 富栄養化分類評価の閾値

レベル	クロロフィル ($\mu g/L$)	DO飽和率変化 (%)	酸度変化対数値 (−)
影響のない状態 (None)	< 10	< 10	< − 8.5
影響の少ない状態 (Low)	10	10	− 8.5
有意な影響がある状態 (Significant)	50	20	− 7.5
富栄養状態 (High)	100	80	− 6.5
過度な富栄養状態 (Excessive)	150	100	− 5.5
非常に過度な富栄養状態 (Hyper)	200	> 100	− 4.5

　この評価の結果は，図-3.3に示している．この図には，クロロフィルデータを備えた401の河川観測地点を△で表示している（通年での平均値）．このうち，363の河川観測地点は1986年から1996年の間のデータであり，38の観測地点はそれより古いクロロフィルデータとなっている．この図には，pHとDOデータを活用してクロロフィルデータがない640の河川観測地点についても○で表示されている．

3. 欧州の栄養塩類汚染の動向と欧米の将来対策

富栄養化レベルを分類評価する際には，最大値の10年間の平均値を使用することによって富栄養化レベルを過大評価しないように工夫されている．

観測地点の33％が'富栄養(high)'から'非常に過度な富栄養(hyper)'状態であり，40％が'有意な影響を受けて(significant)'おり，25％が'影響の少ない(low)'状態であることが示されている．'影響のない(none)'とみなされたのは，わずかに2～7％だけであった．すなわち，全体的に，欧州の多くの河川において富栄養化が問題となっていることを示している．

3.1.3 硝酸性窒素による汚染状況

一般に，河川水中の全窒素(T-N)のうち，硝酸性窒素(NO_3-N)等の無機窒素が主要な成分となっており，欧州ではそのNO_3-NがT-Nの2/3～4/5を占めている．そこで，図-3.4には，欧州河川のNO_3-N濃度の状況を地図上にプロットしたものを示した．スカンジナビア地方の国々では，70％の地点で0.3 mg NO_3-N/L以下であり，39.4％が0.1 mg NO_3-N/L以下と自然に近い状態が維持されている．この地域を除くと，全観測地点の68％において，NO_3-Nの年間平均値が1 mg NO_3-N/Lを超過している．20 mg NO_3-N/Lを超過する高濃度が西欧で観測されている．高濃度は東欧でも確認されるが，南欧は概して低濃度の傾向を示している．

図-3.5には，EU加盟国の505地点と準加盟国(注：2004年に正式にEUに加盟

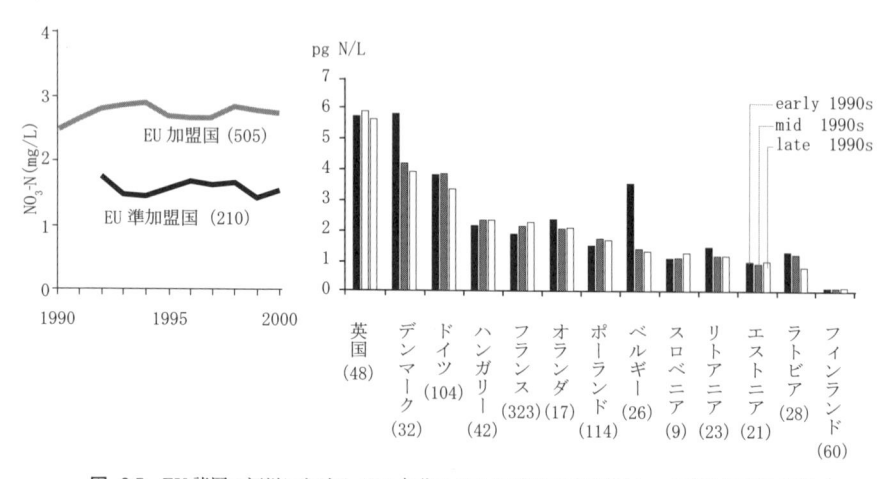

図-3.5 EU諸国の河川における1990年代のNO_3-N濃度の中央値(かっこ内は測定地点数)

3.1 欧州の河川における富栄養化状況

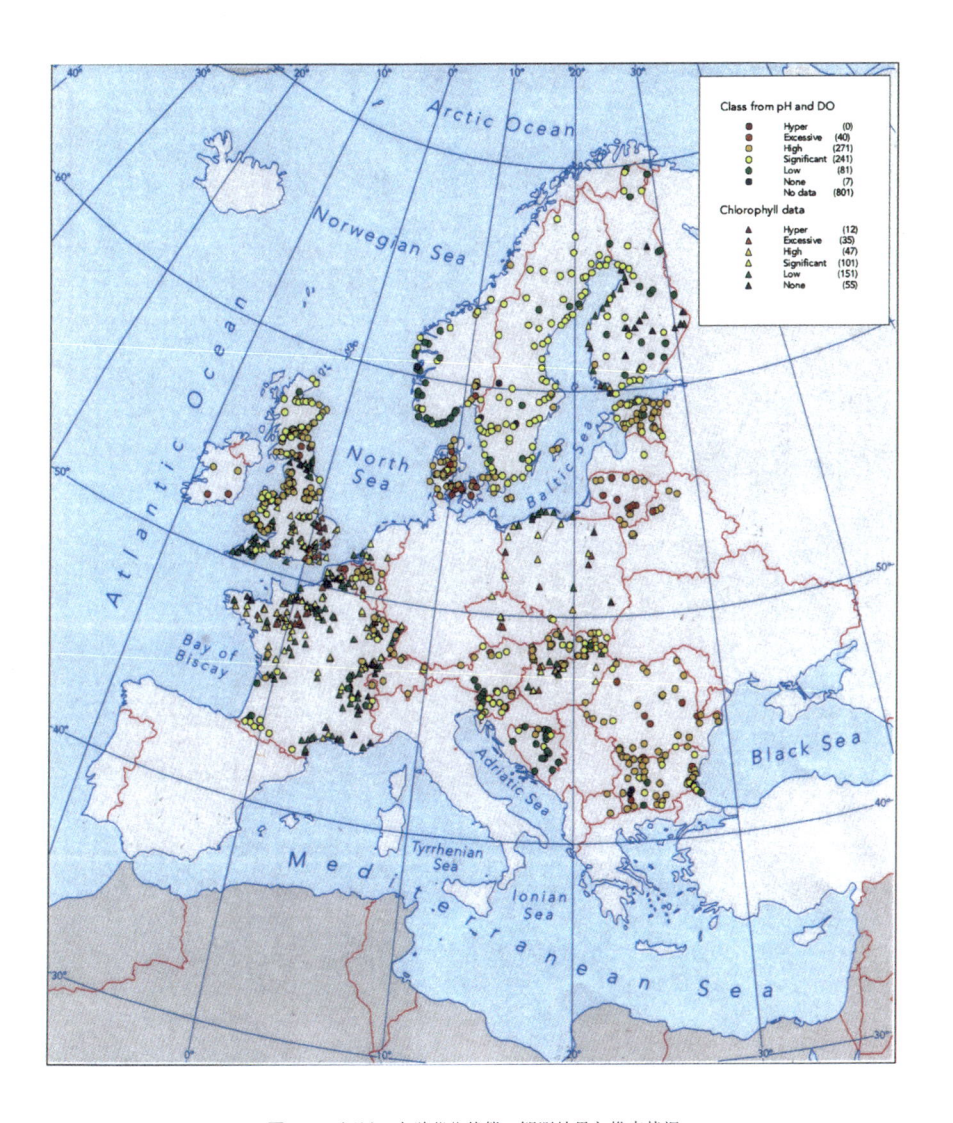

図-3.3 河川の富栄養化状態の観測結果と推定状況

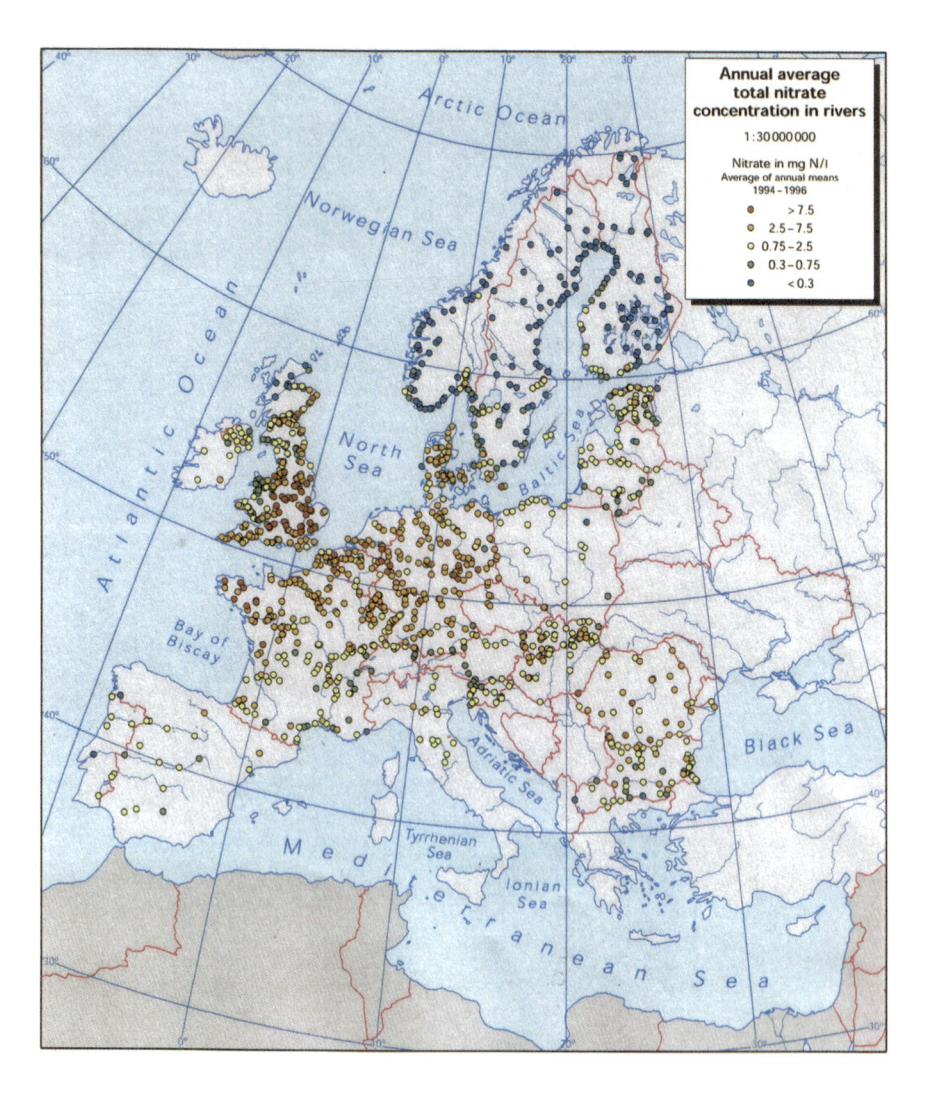

3. 欧州の栄養塩類汚染の動向と欧米の将来対策

図-3.4 欧州の河川における NO_3-N 濃度（1992～1996年）

このような河川のリン汚染への対策としては，下水道整備や腐敗槽の設置が有効である．ここで，腐敗槽とは，Septic tank と呼ばれるもので，汚水を処理するための槽で沈殿と嫌気性消化による処理が期待されている．

これら下水処理場の整備や腐敗槽の設置だけでなく，土壌への浸透処理を行うことで，河川へのリン流出は相当量抑制できるものと考えられる．河川へのリンの負荷は，人間活動と密接に関係しているものの，この関係は必ずしも直接的で単純なものではない．特に，汚染された大きな河川の底泥に蓄積されたリン量は，長年の人間活動の負荷を示すものであり，その流出はそこでの変換反応や降水という非定常な現象に依存しながら，河川水質に影響を及ぼすことになる．

このように窒素とともにリンの流出負荷は，降水現象に密接に関連しているため，流域における栄養塩類の汚濁負荷解析を行うには，雨天時汚濁負荷流出調査を含めた体系立てた環境モニタリングをすることが求められる．そして，それらのモニタリングデータを活用して，流域全体の水収支や河川水質予測が可能となるような流域水質モデルが今後必要となる．

3.1.5　欧州と日本の栄養塩類濃度比較

現在，欧州の河川においては硝酸塩による汚染が深刻な問題である．硝酸塩汚染は，飲料水水質基準の側面だけでなく，下流域の湖沼や海域で富栄養化を引き起こす原因の栄養塩としてその影響が問題視されている．図 -3.8，3.9 に EU 加盟国および準加盟国ごとの年間平均河川水質の中央値の経年的な変化を示している．

EU 諸国の主要な河川における BOD 濃度，NH_4-N 濃度や T-P 濃度の中央値の低下傾向から，有機物汚濁やリンによる汚染は大きく改善していることが伺える．2000 年の EU 加盟国の水質についてのみ記載すると，BOD では 2.6 mg/L 程度，NH_4-N で 125 μg/L 程度，T-P では 120 μg/L 程度まで低下してきている．特に，リンに関しては 1990 年代にて 30 〜 40％程度の顕著な低下が達成されており，無リン化洗剤の使用，排水の高度処理化や，工業分野での排水や廃棄物の排出を抑制するためのクリーン

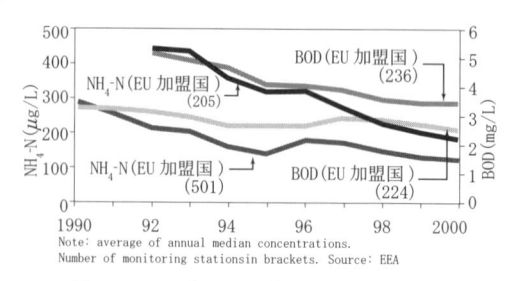

図 -3.8　BOD と NH_4-N 濃度の中央値の経年変化

3.1 欧州の河川における富栄養化状況

テクノロジーの導入等の成果と考えられている．

一方で，NO$_3$-N 濃度は，EU 加盟国および準加盟国ともに 1990 年頃よりそれぞれ 2.5 ～ 3.0 mg N/L，1.5 mg N/L のレベルで大きな変化が見られない．依然として，自然状態のレベルと比較すると，窒素やリンによる汚染が無視できないレベルであり，窒素汚染対策が効果を発揮しているとはいえない状況である．

欧州の国別での河川の窒素濃度とリン濃度を日本の河川水質と比較したものが図-3.10，3.11 である．2.1 で述べているように，日本に関しては NO$_3$-N ではなく T-N 濃度の中央値である．このような比較においては，データの属性や質に関して留意すべき点がある．ここで対象とされた調査河川は，それぞれ各国の代表的な河川であるとは想像されるが，日本に比べて河川数や水質データ数が欧州のデータでは低いことがあげられる．したがって，データの質に違いがある可能性を理解したうえで両者を比較することに留意が必要である．

(**a**) NO$_3$-N 濃度の経年変化　(**b**) T-P 濃度の経年変化

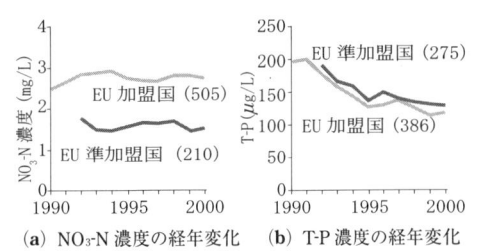

図-3.9　NO$_3$-N 濃度および T-P 濃度の経年変化

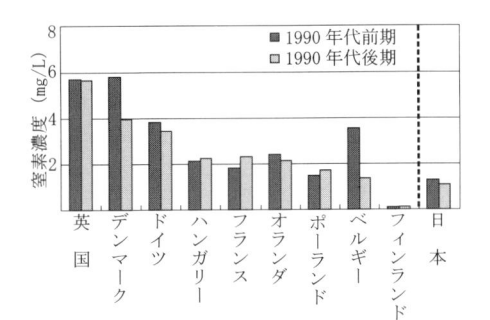

図-3.10　EU 諸国と日本の河川の窒素濃度の比較

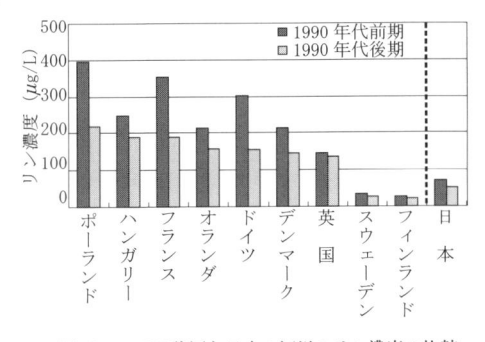

図-3.11　EU 諸国と日本の河川のリン濃度の比較

北欧のスウェーデンやフィンランドのような人口密度の低い国に比べると高い値を示しているが，他の先進 EU 諸国と比較すると日本の栄養塩類濃度は低いことがわかる．これは，降雨量や流出特性等の気象や水文学的な要因の違いが大きいと思われるが，同時に EU 諸国でも濃度が高い国は集約的な農業を営む国であり，農業形態や施肥管理が主要な要因の一つであると考えられる．逆に，日本での栄養塩類

濃度が低い原因の可能性の解釈として，下水処理水の放流先が河川のみに限られていない点等も影響しているものと推察される．

なお，デンマーク，ベルギーでは 1990 年代初頭から後半の間に窒素濃度低下が見られており，施肥管理や排水の高度処理化の効果が表れていることも推察される．

3.2　欧州における栄養塩類の管理

3.2.1　統合的な水環境管理の動向

（1）　水質管理のための法制度

統合的な環境管理の観点から，2010 年までの 10 年間に EU 加盟国がとるべき環境対策が第 6 次環境行動計画(The Sixth Environment Action Programme)に示された．この中で，近い将来にすべての EU 加盟国が環境関連の法律や制度に準拠できるように実現可能な長期戦略を設定し，特に環境中の汚染物質については監視を速やかに実行するように義務付けられている．その中でも河川を含む水域に関しては，図 -3.12 に示すように様々な水環境や水質に関する法制度により総合的に管理されていることが求められている．それらは，

- ・水質基準
- ・排出基準
- ・他の関連法や対策

```
                    EU Water Quality Standards
                    ・Water Framework Directive
                    ・Bathing Water Directive
                    ・Drinking Water Directive
                              ↓
              Integrated Water Quality Management
                         ↑           ↑
   EU Emission Limit Values        Other Legislations and Measures
   ・Urban Waste Water Directive    ・Habitats Directive
   ・Integrated Pollution Prevention ・Birds Directive
     and Control (IPPC) Directive   ・Sewage Sludge Directive
   ・Dangerous Substances Directive  ・Seveso Directive
   ・Nitrates Directive              ・Environmental Impact Assessment Directive
   ・Plant Protection Products Directive ・Other Legislation and/or measures
```

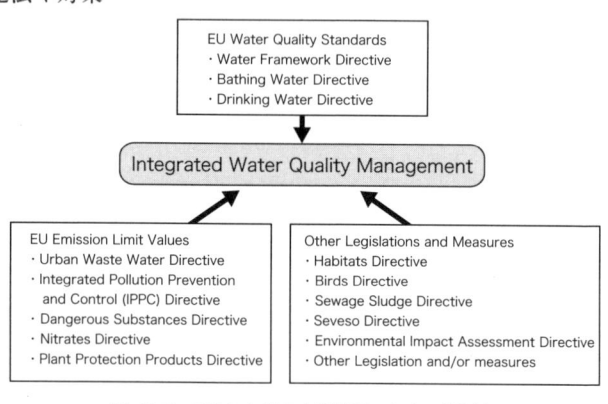

図 -3.12　EU における水質管理のための法制度

3.2 欧州における栄養塩類の管理

という3側面に分類することができる(Commission of the European Communities 1997).

水質関連の法制度の中で，河川の栄養塩類に関する規制を直接担っているのは次の3つの指令である．

・Water Framework Directive
・Urban Waste Water Directive
・Nitrates Directive

環境行動計画において，栄養塩類に関してはWater Framework Directive(Directive 2000/60/EC)とNitrates Directive(Directive 91/676/EEC)が適切に遂行されることが謳われており，特に富栄養化問題と飲料水問題の2点が重視されている(Commission of the European Communities 2000). 前者は，流域単位での水管理のあり方や方向性を包括的に示したものであり，その中に水域状態が水利用や生態系保全において"good status"を保持し，またそのレベルまで改善できるようにEU諸国が流域管理計画を立案して流域水管理へ向けた対策を進めることを義務付けている．また，後者に関しては水系の富栄養化を抑制するため，また地下水の窒素汚染に伴う飲料水水質基準を満足するためにも，明確に面源汚染対策等の実効性のある施策を展開すべきことが指摘されている．

もちろん，点源汚染対策として，Urban Waste Water Directive(Directive 91/271/EEC)の実行により栄養塩類の排出量を削減することも重要な役割を担うことが期待されている．

栄養塩濃度上昇に伴う富栄養化問題は，河川，湖沼，海域を含む水域生態系への影響として，そして飲料水の観点ではDrinking Water Directive(Directive 98/83/EC)に示された地下水の水質問題として認識されている．なお，自然状態のレベルに近づけることを目標としていることからも，自然生態系保全の視点が最も重要になっているとも考えられる(European Environment Agency 2002).

なお，上述した法制度以外にも，河川中の栄養塩濃度と直接的ではないが，関連のある法律としてHabitats Directive(Directive 92/43/EEC)がある．この指令は，地域経済や文化的側面に配慮し持続可能な開発に貢献しつつ，種多様性の維持を促進することが主な目的である．よって，河川水中の栄養塩濃度の増加により淡水魚等の希少種の生息地が悪化する場合には対策を講じる必要がある．

さらに，UNECE(United Nations Economic Commission for Europe)により，国際

3. 欧州の栄養塩類汚染の動向と欧米の将来対策

河川および湖沼の保護に関する協定が示されている．この協定でも，窒素とリンは富栄養化を防止するため，国際河川における水質監視項目としてリストアップされている．

(2) 栄養塩類に関する基準

EUにおける代表的な栄養塩濃度の基準について紹介する．表-3.7 ～ 3.10 は，それぞれ飲料水の表流水取水に関する水質基準，魚類生息保護に関する水質基準，飲料水の水質基準，および排出基準のうち栄養塩類に関係するものを取り出して整理したものである．

なお，これらの基準は，European Environment Agency と英国の Environmenta

表-3.7 Directive75/440/EEC の基準値(飲料を目的とした表流水水質に関する指令)

水域類型	アンモニウム (mg NH$_4$/L)		硝酸塩濃度 (mg NO$_3$/L)		リン酸濃度 (mg P$_2$O$_5$/L)
	指針値	最大許容値	指針値	最大許容値	指針値
A1	0.05(0.039)	–	25(5.65)	50(11.29)	0.4(0.175)
A2	1.0(0.78)	1.5(1.17)	–		0.7(0.306)
A3	2.0(1.56)	4.0(3.11)	–		

注) 水域類型は，必要とされる浄水処理に対応しており，A1 ～ A3 は，それぞれろ過等の簡易な処理と消毒，凝集沈殿ろ過等の通常の浄水処理，前処理等を伴う高度な浄水処理のレベルに相当している．
( )内の数値は，それぞれの窒素濃度(mg N/L)，リン濃度(mg P/L)として表示している．

表-3.8 Directive78/659/EEC の基準値(淡水魚類の生息保護のための水質に関する指令)

魚類類型	アンモニウム (mg NH$_4$/L)		遊離アンモニア濃度 (mg NH$_3$/L)		亜硝酸塩濃度 (mg NO$_2$/L)
	指針値	最大許容値	指針値	最大許容値	指針値
サケ科	0.04(0.031)	1.0(0.78)	0.005(0.0041)	0.025(0.0206)	0.01(0.003)
コイ科	0.2(0.156)				0.03(0.009)

注) ( )内の数値は，それぞれ窒素濃度(mg N/L)，リン濃度(mg P/L)として表示している．

表-3.9 Directive80/778/EEC の基準値(飲料水質に関する指令)

アンモニウム (mg NH$_4$/L)		硝酸塩濃度 (mg NO$_3$/L)		リン酸濃度 (mg P$_2$O$_5$/L)	
指針値	最大許容値	指針値	最大許容値	指針値	最大許容値
0.05(0.039)	0.5(0.389)	25(5.65)	50(11.29)	0.4(0.175)	5.0(2.18)

注) ( )内の数値は，それぞれ窒素濃度(mg N/L)，リン濃度(mg P/L)として表示している．

3.2 欧州における栄養塩類の管理

表-3.10 栄養塩類の排水基準

水質項目	基準濃度(mg/L)		最低除去率(%)
	1万〜10万人	10万人以上	
T-P	2	1	80
T-N	15	10	70〜80

Agencyの Web 情報である．以下に当該 URL を記載しておく．

http://europa.eu.int/comm/environment/water/index.html

http://www.environment-agency.gov.uk/

表-3.7〜3.10示した基準値を定めている3つの旧指令(Directive75/440/EEC，78/659/EEC，80/778/EEC)は，新たな指令である Water Framework Directive (Directive 2000/60/EC)や Drinking Water Directive(Directive 98/83/EC)に組み込まれ，一定の期限までに EU 諸国で廃止される指令である．言い換えれば，新たな指令の中で基準の検討や設定がなされたことになる．つまり，基準値は，絶えず見直しがなされ，基準項目として既に存在していない場合もある．しかしながら，基準値自体に依然として科学的に妥当な理由がある場合には存続している．なお，表-3.10に示したものは，排水基準としての基準であり，1998年に改定された Urban Waste Water Directive(Directive 98/15/EEC amending directive 91/271/EEC)において実効性のあるものである．

3.2.2 Water Framework Directive (WFD) について

この EU 指令は，自然水域(河川，湖沼，地下水，沿岸域)に関わる法律を包括する形で，新たに2000年12月に発効した法規である．これによって Dangerous substances directive (76/464/EEC)，Surface water directive(75/440/EEC and 79/869/EEC)，Fish water directive(78/659/EEC)，Shellfish water directive(79/923/EEC)，Groundwater directive(80/68/EEC)，Information exchange decision(77/795/EEC)がこの Water Framework Directive(WFD)に統合され，これに伴い個々の法規は廃止された．

本指令では EU 加盟国が限られた期間内に効率的な流域管理を実行し，すべての水域において健全な状態を保つことが義務付けてられている．流域管理の中でも最も重要な視点は，生態系と水質のモニタリングである．この流域管理を実現するために，EU では次のような指針を示している．

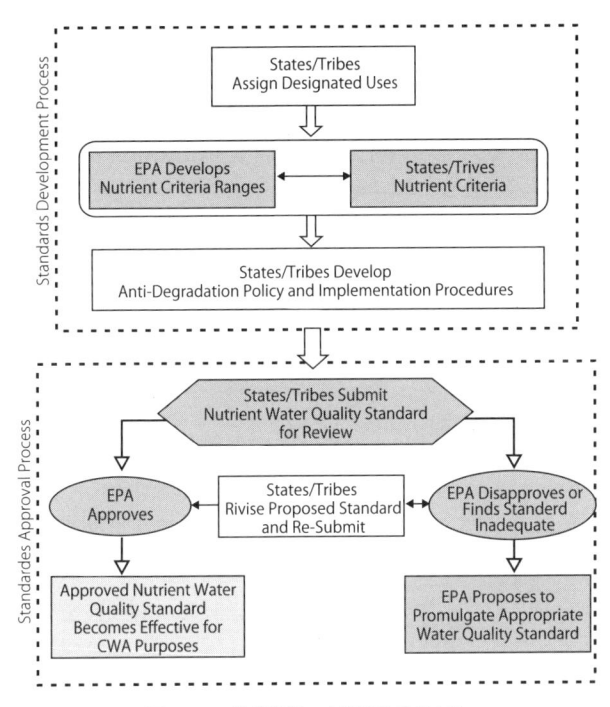

3.3 米国における栄養塩類の管理

図-3.17 栄養塩類の水質基準設定方法

「いかなる水域でも，バックグランド濃度を越えて，その隣接水域あるいは下流水域における水利用や水の価値に対して悪影響しうるような富栄養化の加速や水生生物の成長への刺激を引き起こす可能性がある全リンの増加は認めない」．(http://www.state.vt.us/wtrboard/rules/vwqs.htm#C1S1)

3.3.3 定量的判断基準と定性的判断基準

定量的な判断基準とは，定性的判断基準の上位に構築され，定性的な記述を精査することによって，それに即した内容を数値として表現するように試みたものであるといえる．したがって，それは，測定可能な水質成分の濃度として与えられることとなり，例えば，レクリエーション用の河川の平均T-P濃度が$20\,\mu g/L$を超過しないこと，などとして示されることとなる．定性的および定量的判断基準に加えて，いくつかの州および部族では，定量的判断基準と水質基準との間の中間段階として，目標値や評価レベルを設定している場合もある．

3. 欧州の栄養塩類汚染の動向と欧米の将来対策

定量的判断基準は，達成すべき条件をたやすく解釈可能であり，科学的な根拠のもとで水質管理と施策を展開する上で定性的判断基準より有用となる．しかしながら，これらの利点にもかかわらず，いまだに定量的な栄養塩類判断基準が設定されてきていない状況にある．基準値の未整備は，河川状態の評価や水質基準の設定を困難なものとするため，水質管理戦略を実施するうえでの制約要因となっている．

栄養塩類の判断基準値を設定する作業を通じて，次のような様々な利点が出てくる．

- 既存のデータを収集するとともに，新しい調査を行うことから，それらによって得られた情報に基づいて，水質管理者および住民に将来水質への展望を与えることができる．
- 収集された水域や水質情報は，河川水系の保護および回復のための人的および財政的な予算を立てるのに有効に利用することができる．
- 判断基準の検討および設定プロセスで集められたデータを，水質管理行動や水質改善事業の実施前，実施中さらには，実施後で相互に比較することができる．
- データ分析を通じて，水域の状態および管理努力の有効性を明確することができる．
- 判断基準の設定により，流域全体における水域保護活動の支援に役立つ．具体的には，州や政府が実施している広域の生物判断基準調査，National Estuary Program, Clean Lakes Projects 等においても活用することができる．
- 地方，州，部族，国家レベルで，水資源管理のための TMDLs (Total Maximum Daily Loads ＝ 1 日当りの汚濁負荷総量) の検討において用いることができる．

3.3.4 判断基準の設定プロセス

米国における判断基準設定プロセスでは，9つの段階が必要とされている．その9つの段階を図-3.18に示すとともに，以下に実行されるべき内容を整理する．

(1) 水質項目の必要性と水質目標の定義

州および部族の水質管理では，まず対象河川に対して，管理のための水質指標の必要性とその目標を定義するべきである．十分に定義された必要性と目標を持つことが判断基準設定プロセスの成功の鍵を握る．すなわち，達成可能な水質目標の設定へと導くためのポイントとなる．図-3.18に示されているように，判断基準設定

プロセスを進める段階で，ここで定めた必要性と目標が適切に反映されているかを繰り返し確認することになる．具体的には，データ分析の後やモニタリング・再評価の段階でフィードバックすることが必要であると考えられている．

(2) 河川の分類

河川の分類の意図は，比較可能な生物的・生態的・物理的・化学的な特性を考慮して，河川をグループ化することである．グループ化では，同じグループ内の河川は特性項目ごとに差異が少なく，グループ間では明確な差異があるようにする必要がある．この分類によって，ある特定地域ごとではなく，大括りの河川類型ごとに判断基準を考えることが可能となる．河川の分類において，栄養状態や水生植物，さらには藻類に寄与する要因も考慮すべきである．例えば，河川の付着生物量や浮遊生物量に影響する因子を整理したものを**表-3.14**に示す．

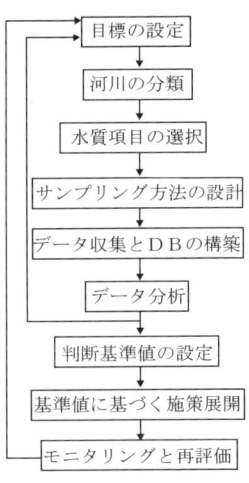

図-3.18 判断基準設定のプロセス

表-3.14 河川の植物プランクトンと付着藻類の存在量と生息環境因子との関係

	植物プランクトンが優占する系	付着藻類が優占する系
存在量が高い場合	・流速が遅く（< 10 cm/s），滞留時間が長い（> 10 日） ・濁度や色度が低い ・樹冠による日陰がない ・水深が深い ・水深／河川幅の比が大きい	・流速が速い（> 10 cm/s） ・濁度や色度が低い ・樹冠による日陰がない ・水深が浅い ・洗い流しの効果化が最小 ・大型無脊椎動物による捕食圧が低い ・河床材のサイズは，砂利以上 ・水深／河川幅の比が小さい
存在量が少ない場合	・流速が速く（> 10 cm/s），滞留時間が短い（< 10 日） ・濁度や色度が高い ・樹冠による日陰がある ・水深が浅い	・流速が遅い（< 10 cm/s） ・濁度や色度が高い ・樹冠による日陰がある ・水深が深い ・洗い流しの効果が大きい ・大型無脊椎動物による捕食圧が高い ・河床材のサイズは，砂以下

(3) モニタリング項目の選択

このモニタリング項目とは，水域における富栄養化の状態や程度を評価／予測するために用いられる測定可能な水質指標のことである．主要な4つの水質指標としてT-N，T-P，Chl-a，濁度があげられる．これらの項目の測定結果は，富栄養化状態を評価する手段となり，地域あるいは水域に特有の栄養塩類判断基準を確立する根拠になりうる．これらの他にも，二次的な項目として，富栄養化の結果として変化するpHやDOをモニタリングすることもありえる．

(4) サンプリング計画の設計

モニタリングでは，栄養塩類と藻類の状態評価において統計的に有意な相違が判断されるように，サンプリング計画が設計されるべきである．過去のモニタリングデータが不足している場合には，まず，汚染のない自然な比較対照となりえる河川区間と異なる富栄養化状態にある河川区間を選定して，モニタリングを実施することが望ましい．

(5) データの収集とデータベースの構築

判断基準の検討のためのデータとしては，新たに実施する独自のモニタリングデーだけでなく，国，州，地方水質調査機関，大学，ボランティア団体による水質モニタリングデータ等が潜在的に利用可能である．データベースは，判断基準を検討する中で既存データをまとめあげ，新規のモニタリングデータを追加し，統合してデータを扱うのに必要となる．USEPAは，栄養塩類に関連するデータを選別・収集して，州／部族のユーザのためのデータベースの開発を行っている．

(6) データの分析

統計分析を用いてモニタリングデータを解釈する．判断基準の検討では，河川中の栄養塩類濃度，藻類バイオマス，生態系の状態の変化(例えば，不快な藻類の増加や脱酸素等)を相互に関連付けて行うべきである．さらに，全栄養塩類濃度とChl-a濃度の関係をそれらの分布範囲から考察することにより，河川が有する富栄養化に至る潜在的レベルや濃度範囲の幅を知ることが可能となる．

3.3 米国における栄養塩類の管理

(7) 参照状態とデータ分析に基づく判断基準の検討

判断基準は，まず当該の類型化された河川グループの栄養塩類条件を満足するように設定されなければならない．第二に，その濃度レベルでは，下流域に湖沼等の停滞水域がある場合等は，その水域へ悪影響を及ぼさない栄養塩負荷であることを確認することも求められる．

判断基準設定において，次の一般的に3つのアプローチが考えられている．

① 専門家の判断あるいは度数分布としてプロットされたデータの百分位に基づいて富栄養化の影響がない自然な参照河川区間を同定（図-3.19参照）するとともに，富栄養化状態（貧栄養，中栄養，富栄養等）の段階レベルを設定すること．

② 富栄養化状態の分類，栄養塩類と藻類との関係を示す回帰モデル，富栄養化の生物指標や判断基準等のデータを活用すること．

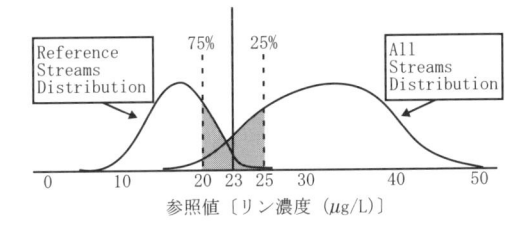

図-3.19 百分位を用いた参照区間の設定の概念図

③ 文献における藻類増殖に関する栄養塩類濃度の閾値や藻類増殖限界レベル（表-3.15参照）等，既存の知見を適用したり改良すること．

まず，設定した判断基準値と実際の河川の栄養塩類，Chl-*a*，濁度と比較することによって判断基準の妥当性の検証を行う．このように判断基準の検証に用いられた分析データは，さらにUSEPAや地域の専門家によって包括的に調査・検討される．この検証調査作業により，洗練された基準の導出方法が見出されたり，結果として確固とした判断基準となることに結び付く．また，当該河川の水質データに限らず，他の研究や実験値，回帰モデル結果や対象とした水系と類似した隣接する州のデータベース等も，この判断基準の導出や検証に活用することも有意義である．

(8) 栄養塩類の管理施策の展開

USEPA，州，部族による水質管理の必要性は，法的に定められている．ここで検討された栄養塩類の判断基準は，水質を保全する実行可能な手段として法的な規制力のある州/部族の水質基準として組み込むことも可能である．例えば，栄養塩類判断基準値を活用して，点的汚染源に対するNPDES(National Pollutant

3. 欧州の栄養塩類汚染の動向と欧米の将来対策

表-3.15 栄養塩類濃度の閾値や藻類増殖限界レベル

(a) 付着藻類の最大値(mg/m²)

T-N	T-P	DIN	SRP	Chl-a	障害内容	出典
				100~200	増殖	Welch et al.(1988,1989)
275~650	38~90			100~200	増殖	Dodds et al.(1997)
1500	75			200	富栄養状態	Dodds et al.(1997)
300	20			150	増殖	Clark Fork River Tri-State Council, M.T.
	20				*Cladophora* の増殖	Chetelat et al.(1999)
	10~20				*Cladophora* の増殖	Stevenson unpubl.data
		430	60		富栄養状態	UK Environ. Agency(1988)
		100*1	10*1	200	増殖	Biggs(2000)
		25	3	100	無脊椎動物の多様性の減少	Nordin(1985)
			15	100	増殖	Quinn(1991)
		1000	10*2	~100	富栄養状態	Sosiak pers. comm.

(b) 植物プランクトンの平均値(μg/L)

T-N	T-P	DIN	SRP	Chl-a	障害内容	出典
300*3	42			8	富栄養状態	Van Nieuwenhuyse and Jones(1996)
	70			15	クロロフィルの要対策レベル	OAR(2000)
250*3	35			8	富栄養状態	OECD(1992)(for lakes)

*1 30 day biomass accrual time.
*2 Total Dissolved P.
*3 Based on Redfield ratio of 7.2 N:1P[Smith et al.(1997)].

Discharge Elimination System)による規制を行うことも可能となる．排水処理場等から排出される窒素，リン等の栄養塩類の規制・管理をこの判断基準を利用して強化することもできる．

さらに，流域内の面的汚濁負荷の削減規制をこの栄養塩類判断基準に基づいて確立することもできる．汚染源管理のうえでは，栄養塩類判断基準を用いることが流域における汚染源負荷の割合を定義するうえで役立つ．いったん汚濁発生源が識別されたならば，汚染源管理として，土地利用の改良，および水系の水質を維持・改善するのに必要な事業を始めることができる．

(3) 付着藻類と窒素濃度，リン濃度との関係

窒素濃度，リン濃度が特異的に高くなることにより，下流の停滞水域で出現する藻類種に影響が出ている．ケイ素を必須元素とする珪藻類が藍藻類や緑藻類に置き換わるなどの現象は，その例である．Chetelatら[9]は，カナダの南オンタリオと西ケベックの13河川について夏場に藻類量と藻類群集に及ぼす栄養塩類濃度と流速の影響について検討を行った．その結果，藻類量は，全リン濃度と強い相関があり，富栄養化した調査地点では緑藻類が大きな割合を占めた．*Cladophora* 属（緑藻類），*Melosira* 属（珪藻類），*Audouinella* 属（紅藻類）の藻体量は，6～82 µg/L を超えるリン濃度範囲においてリン濃度と正の相関があり，これらの属は，栄養塩類濃度の高い調査地点における優占種であった．緑藻類は，Chl-*a* が約 100 mg/m² 以上の富栄養化の進んだ調査地点において大きな割合を占めた．このように緑藻類は，富栄養化の進んだ調査地点における主要な藻類であり，都市河川において様々な障害を引き起こすことから窒素，リンの削減により発生量を低下させる必要がある．

既往の研究において付着藻類の最大増殖速度が得られるリン濃度が得られている（**表-4.1**）．実際の水域においては，珪藻類と緑藻類の相互関係における群体形成や生息形態による光の利用性等も重要であるが，栄養塩類濃度について見ると，リン濃度 0.025 mg/L 以下において珪藻類が優占しやすくなるものと考えられる．

表-4.1 付着藻類が最大増殖速度を示すリン濃度

種類	リン濃度(µg/L)
珪藻類	0.5～1[10]
緑藻類	25～40[11], 60[12]

(4) 水環境の保全における珪藻類の適正な量と種類

河川において，珪藻類は，直接魚に摂食される場合と，水生昆虫に摂食される場合がある．渓流に生息する代表的な底生昆虫5種 *Glossosoma* 属（トビケラ），*Baetis* 属（コカゲロウ），*Heptagenia* 属（ヒラタカゲロウ），*Ephemerella* 属（マダラカゲロウ），ユスリカ類による珪藻類7種 *Gomphonema* 属（クサビケイソウ），*Navicula* 属（フナガタケイソウ），*Cymbella* 属（クチビルケイソウ），*Cocconeis* 属（コバンケイソウ），*Epithemia* 属（ハフケイソウ），*Diatoma* 属（イタケイソウ），*Nitzschia* 属（ササノハケイソウ）の摂食について検討がなされた[5]．ユスリカ類は，*Gomphonema* 属，*Navicula* 属，*Cymbella* 属，*Epithemia* 属の4種を好んで摂食した．トビケラは，*Gomphonema* 属と *Cocconeis* 属を，コカゲロウ，ヒラタカゲロウ，マダラカゲロウでは，*Cocconeis* 属のみを好んで摂食した．これらの結果からユスリカ類を除くと，

4.1 河川の中での窒素, リンに関わる現象と解析

底生昆虫が食物を選択することが確認された．河川において底生昆虫や魚によって摂食されやすい藻類が優占すれば，自然に付着藻類量は減少すると考えられ，本研究例から判断すると，多様な珪藻類の中でも *Cocconeis* 属のような珪藻類の優占化が付着藻類の量を低下させるうえで重要と考えられる．*Cocconeis* 属は，きれいな水域の指標となる種類であり，横浜市内の河川の中下流域においては，下水道普及率の増加による水質の回復に伴い *Cocconeis* 属の出現率が増加したという報告がある[2]．福嶋[13]は，珪藻類30種について出現する地点の BOD 平均値について検討を行い，その中で *Cocconeis placentula* が出現する地点の BOD 平均値が最も低い（約 1 mg/L）ことを報告している．Chetelat ら[9]の河川の調査によると，珪藻群集においてリン濃度が 0.04 mg/L 以下では *Cocconeis* 属が優占し，0.04 mg/L を超えると，*Melosira* 属の占める割合が高まり優占することを報告している．このようにリン濃度によって *Melosira* 属と *Cocconeis* 属の間で優占種の交代が起こることから，底生昆虫にとって生息しやすい環境とし，付着藻類量を適正に維持するためにリン濃度を 0.04 mg/L 以下にすることが重要と考えられる．このようにきれいな水に分布生息する珪藻類やカゲロウ，カワゲラ等の底生昆虫の生息は，栄養塩類濃度と密接な関係があり，河川上中流部における清冽な河川生態系環境の保持という観点から窒素，リンの濃度管理が必要である．

さらに多摩川の付着藻類量は，Chl-*a* として $100 \sim 500$ mg/m^2 以下であったという報告や，良好な景観と感じられる付着藻類量は，Chl-*a* として $100 \sim 150$ mg/m^2 以下[2]という報告がある．Chetelat ら[9]の河川の調査によると，付着藻類量と窒素、リン濃度の関係として下記の式が得られている．

$$\log \text{Chl-}a = 0.905 \log \text{T-P} + 0.49$$

$$\log \text{Chl-}a = 0.984 \log \text{T-N} - 0.935$$

Chl-*a* を 100 mg/m^2 以下にする場合，リン濃度 0.047 mg/L 以下，窒素濃度 0.96 mg/L 以下とする必要がある．

4.1.3 大型植物

大型植物は，バイオマスが大きいことから，河道内で群落を形成すると，河川の水質に大きな影響を与える．しかも，発生する大型植物の形態によって有機物や窒素やリンの循環形態は大きく異なる．そのため，群落を形成する大型植物の形態，その生産量，分解速度が大型植物を介した有機物や窒素，リンの循環を考える場合

4. 栄養塩類に関する現象と課題

の重要なファクターとなる．

(1) 大型植物を介した窒素，リンおよび有機物の循環，収支の形態

大型植物を通した有機物および窒素，リンの循環形態は，概略，図-4.2のようになる．

a. 抽水植物 多くの抽水植物は，多年性であり，地上部と同程度の量の地下茎を発達させる．そのため抽水植物の大群落が発生するためには，地下茎が発達可能な土壌が備わった場所が必要である．平野部の大都市を流れる流速の遅い河川下流部では，多くの流入有機物が堆積し，また，広い河岸や砂洲を有していることからこうし

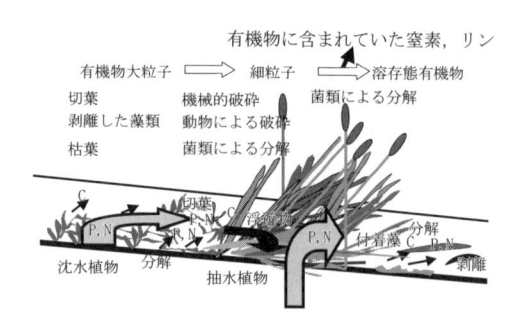

図-4.2 大型植物を介した有機物，窒素，リンの循環形態

た植物の群落を形成させるに適した条件を備えている．中流域の砂礫河川では，流水域には地下茎を発達しにくく，河川敷に大群落を形成する．

抽水植物は，生産量が大きく，抽水植物を介した有機物量や窒素やリンの循環量は，一般に他と比較してきわめて大きい．抽水植物は，土壌中の酸素濃度が低いと，盛んに水中根(adventitious roots)を発達させるが，根の多くは，土中数10 cmの深さに発達させた地下茎周りに生え，栄養塩もその深さから吸収し，地上の葉茎を生長させる．こうして吸収された窒素やリンの一部は，光合成により地下茎を発達させる時期や葉茎の老化期に地下茎に転流，蓄積されるものの，一部は枯死した葉茎中に残され，分解されることによって水中や土壌中に回帰される[14]．葉茎が大量に枯死するのは，東京周辺では10月から11月頃であるが，この時期，地下茎やそこに含まれる栄養塩類の量はむしろ増加する．しかし，光合成による生産のない冬季には吸収により減少する．

枯死した葉茎の分解は，葉茎が立枯し，空気中にある間はきわめて小さい．しかし，倒伏，水中に没すると，急速に分解する．倒伏の速度は，植物によって異なり，穂を除き茎の割合の少ないガマ類(*Typha* spp.)やマコモ(*Zizania latifolia*)では，枯死後すぐに水没するものの、茎が70%を占めるヨシ(*Phragmites australis*)やツルヨ

シ (*Phragmites japonica*) では,立枯れの期間が長くなり,流れの影響が少なければ 1 年以上立ったままの茎も多い.抽水植物は,水生植物の中では分解速度がきわめて遅い[14].倒伏し水中に没した葉茎は,数年をかけて徐々に分解され,有機物成分として水中に流下するか河底に堆積していく.取り込まれていた窒素やリンも同時に水中に回帰する.水中での分解は,富栄養な水域では速く,貧栄養な水中では遅い.また,溶存酸素濃度や水温にも大きく影響されるため,枯死し,分解の開始する時期にも依存する.

葉茎分解の過程では,溶解性の炭水化物が溶出するために,最初の数日の間に量が 10 ～ 20% 程度減る.その後,数ヶ月かけて菌類による分解が進み,その後は物理的もしくは無脊椎動物により破砕される.ただし,菌類が増殖するためにタンパク質の割合が増加し,炭素に対する見かけの窒素の割合は増加する.

地下茎も形成後数年すると,枯死し,徐々に分解され,有機物や窒素,リンの発生源となる.しかし,地中にあるために多くは動物に摂食され,排泄物として土中に排出される.そのため,窒素やリンが地上の葉茎内に存在するか,地下茎として存在するかによって周囲に回帰するまでの時間が異なる.葉茎の量に対する地下茎の量は,緯度が高いほど,富栄養な土壌ほど大きく,その寿命は,ヨシの場合には 6 年程度であるが,5 年目に大量に枯死する.また,ガマやマコモでは 2 年程度である.

このように,抽水植物の一次生産は,窒素やリンの循環を支配する要因の一つである.ヨシの場合は,過剰な間隙水栄養塩類濃度(アンモニウムイオン濃度 2 mmol/L,リン酸濃度 250 μmol/L 程度以上)のもとでは生長阻害を受けるが,ガマやマコモの場合は,収量はより高い栄養塩類濃度に至るまで増加する.また,こうした抽水植物の場合,一般に土壌の栄養塩類濃度が高いと,地下茎に比して葉茎の割合が大きく,葉茎が枯死後,含まれていた窒素やリンは,周囲に回帰し,生長期に再び利用される(assimilation type).一方,土壌中の栄養塩類濃度が低いと,葉茎の量は少なくなり,いったんは葉茎に蓄えられた窒素やリンも,夏から秋にかけて地下茎に転流,貯蔵され,翌年の発芽に利用される割合が多くなる(translocation type).また,マコモの場合には,春先に大量の芽を出し,生長とともに大部分を枯死させる.そのため,生長過程において比較的早い時期から多くの葉が枯死,分解し,大量の窒素やリンが周囲に溶出されることになる.

抽水植物は,きわめて生産性が高いだけでなく,葉茎の密度が高いために群落内には急激に泥が堆積する.また,洪水時には葉茎が河床に覆いかぶさることでリ

ターの流失を防ぎ，また，流速を弱めるために，そこで生産されたリターだけでなく，流下してくる浮遊物質も捕捉する．さらに，抽水植物群落の内部は，日射条件が悪く，堆積した分解途上のリターのためきわめて嫌気的な状態にあり，分解速度が低下，腐泥が堆積するだけでなく，有毒な物質が生成される．そのため，抽水植物群落の内部には，他の植物は育ち難く，多様性は減少する場合が多い．

抽水植物の場合，窒素やリンの吸収は，地下数 10 cm の根圏で行われ，葉茎の生長，枯死という過程を経て，1 年以上かけて水中や河床の表面に回帰される．また，枯死した葉茎も徐々に地中に堆積していくことから，抽水植物自体の栄養塩類の吸収が水中の栄養塩類濃度に影響を及ぼすには，非常に長い期間を要する．しかも抽水植物体を介した栄養塩類の循環は，群落全体での循環量の数％程度にとどまっている．特に窒素の循環に関しては硝化脱窒作用が有機物については，群落内部で生ずる無脊椎動物による有機物の消費の効果の方がより重要である．そのため，植物の刈取りを行ったとしても，刈取りによる栄養塩類の系外への排出が全体の循環量に占める割合は小さい．

b. 沈水植物　沈水植物は，比較的小さい根で河底に固定しなければならないことから，河底が軟らかい有機物に富んだ土の場所には生育しにくく，砂礫河底や少量の泥が堆積した河床に，また，河床が泥の場合には流速の遅い場所を好む．一般に非常に低流速の場を除き，バイオマスの量は流速とともに減少し，生育可能な場所は，流速 1 m 程度までといわれている．

沈水植物の根は，比較的小さいものの，根を張った土壌中に十分な窒素やリンが存在する場合には，必要とする量の多くは，根から供給されると考えられている．しかし，クチクラ層が薄く水中部からも栄養塩類を吸収すること，また，水中にも大量の根が発生すること，底質中の根の深さも浅いことなどから，沈水植物の場合には，抽水植物と比較して，水中もしくはそれに接した水塊の窒素，リンがより多く吸収されると考えられる．葉茎の枯死後は，数ヶ月程度で分解され，葉茎中に含まれていた窒素やリンも水中に回帰される．このように沈水植物は，土壌中だけでなく水中の栄養塩類も多く利用することから，河川中のリンや窒素の循環にはより深く関与し，その生産量も，光環境や水温のほか，特に水中のリン濃度に大きく依存する．しかし，一方では，表皮が薄いことは，河川を流れる他の化学物質の影響を受けやすく，除草剤等の流入によっても数日のうちに枯れる．

栄養塩類濃度が高い水域では，沈水植物の葉に付着藻（エピフィトン）が発生し，

沈水植物の光合成を阻害するとともに，表皮を傷つけ，生産量を減少させる．こうしたことに対処するためアレロパシー物質を発生させるものも知られている[15]．このように，沈水植物の場合には，抽水植物ほどの生産量はないものの，その生長は，河川中の有機物量や窒素やリンの循環に直接影響を及ぼす．

沈水植物同士の間では，一般に富栄養を好む植物は，栄養塩類の増加とともに水中部のバイオマスを増加させてより活発に光合成を行い，一方，貧栄養を好む植物は，根を発達させ土壌中の栄養塩類の吸収の改善を図ることが報告されている[16]．例えば，クロモ(*Hydrilla* sp.)とセキショウモ(*Vallisneria* sp.)の場合，栄養塩類濃度が増加すると，クロモは水中部を大きく増加させ，セキショウモは根を発達させる．そのため，栄養塩類濃度が低くなると，相対的に根の発達したセキショウモの量の方が多くなる[17]．

密な株をつくる沈水植物群落周辺の流れは，群落内の抵抗のために流れが大きく迂回し，植物がない場所に集中する．そのため，河道内に発生する場合，パッチ状になることが多い．また，パッチとパッチの間は洗掘が進み，逆にパッチ内は，堆積が進んで浅くなり，有機土と栄養塩類に富んだ土壌となる[18]．

有機物が堆積し河底に泥化すると，一方では土壌中の栄養塩類濃度が上昇し，ある程度までは生長を促進させるものの，過度の堆積は嫌気性を高め，硫化水素や有機酸の発生によるpHの低下等の影響により生産量を低下させる[19]．

また，下流のきわめて遅い流速の水域や湛水した支流では，沈水植物は，流入栄養塩類や光を巡って植物プランクトンと競争関係にある．そのため，栄養塩類濃度が過度に高いと，大量の植物プランクトンに光を遮られ発生を抑制される[20]．

沈水植物も群落が密な場合には，浮遊物を取り込んだり，枯死した植物体がその場にとどまって群落中に有機物を堆積し泥河床を形成する[18]．しかし，植物自体の生産量が小さいために堆積する速度は抽水植物ほどではなく，洪水時には，堆積した有機物は下流に運ばれ，下流の有機物や窒素源やリン源となる．また，植物体の強度が小さいため，多くの切れ葉も大型の有機物粒子として下流に流される．

(2) 河川中の窒素，リン濃度と大型植物との関係

以上のように，河川中の窒素やリン濃度は，そこに発生する植物群落の形態に影響するだけでなく，窒素やリンの循環自体が群落をつくっている大型植物の形態に依存する．そのため，植物群落と窒素やリン濃度との関係は，一方向なものではなく，

4.2 河川における下水由来の窒素，リンの影響と解析

BOD, COD, SS, T-N, T-P の分布範囲は，非超過確率25～75％で，それぞれ2.4～6.6, 7.4～12, 2～5, 7.1～17, 0.67～1.6 mg/Lとなっている．中央値は，それぞれ4.0, 9.5, 4, 12, 1.1 mg/Lであった．この結果は，BOD, COD, SS等の有機物，浮遊物は，きわめて良好に処理されていることを示す．藤井ら[37]は，同じく公共下水道統計に基づき1988（昭和63）年度の放流水濃度を求めているが，その結果，合流式，分流式で，それぞれBODは7, 6 mg/L, CODは12, 11 mg/Lが平均であった．ここ十年余でも処理水質が向上している．

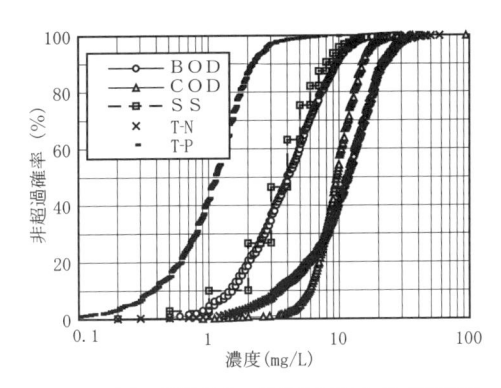

図-4.5 下水処理場放流水の濃度分布（平成12年度実績）
（除外：観光人口10％以上，年間処理水量10万m^3以下，平成10年5月以降の新設，特定公共下水道，簡易/中級処理）

図-4.5は，通常の下水処理場の平均的な放流水質であるが，実際には処理法によって効率が異なる．そこで，**表-4.4**には処理方法別の除去率をまとめた．まず，図-4.5で用いた処理場（表第1行）の平均は，BOD, SSが約97％，CODが90％，T-Nが63％，T-Pが72％である．これらの処理場うち，標準活性汚泥法，OD（オキシデイションディッチ）に注目する（表第2-3行）と，T-N以外大差はない．T-Nで

表-4.4 下水処理方式別の除去率一覧

		数	BOD	COD	SS	T-N	T-P
平均＊（高級処理）		1 113	97.2	89.2	97.0	62.6	71.7
標準活性汚泥法		714	96.9	88.3	96.8	57.1	74.0
OD		271	98.4	92.3	97.8	82.4	67.8
脱　　窒		90	97.7	89.7	97.7	65.7	77.7
付加処理	凝集剤	27	98.8	92.0	98.4	67.5	87.3
	ろ過	91	98.0	91.1	98.3	67.3	75.7
	オゾン	12	97.4	89.9	94.0	48.8	71.3
	活性炭	9	97.1	90.2	97.7	64.3	71.5
	生物膜	12	98.0	89.6	97.5	57.7	68.4
参考	全処理場	1 431	97.0	89.2	96.7	63.8	69.5
	中級（高速散水ろ床池）	11	89.7	76.6	85.7	52.3	56.0

＊　図-4.5使用データ．付加処理まではこれからのデータ平均．

はODで除去率が約80％と高く，標準活性汚泥法で57％と差があった．一方，生物学的脱窒法採用プロセス（AO法，A2O法ほか，生物学的窒素除去法等）は，標準活性汚泥法に比べれば高いT-N除去率であったが，顕著な効果は見出されなかった．

処理場によっては，通常の2次処理に凝集剤添加や砂ろ過等の一部操作や装置を付加している所がある．表ではそれらの施設をまとめている．その結果を見ると，凝集剤添加がBOD，COD，SS，T-P除去で効果的に働いていることがわかる．オゾン処理や活性炭処理は，統計データからは顕著な効果が見られていないが，これはこれらを使用する処理場の流入水質が他の処理場と異なる（より難分解）ことが原因と予想される．さらに中級処理の結果を参考に示すが，全水質とも除去率は高級処理より10％前後小さくなっている．なお，公共下水道と流域下水道間で終末処理場の処理効率に大きな差はない[38]．

一方，農村集落排水処理施設の放流水BOD，T-N，T-P濃度範囲は，非超過確率25～75％で，4.2～16，12～24，1.5～3.1，3.7～15 mg/Lの範囲であり，概算除去率は，それぞれ，94，44，39％との報告[39]がある．先の**表-4.2**には，これら各方式の平均的な除去率をまとめている．

（3） 合流式下水道越流水

下水道施設からは，下水処理場からの放流水由来の負荷に加え，雨天時における合流式下水道からの越流水負荷由来の窒素，リン負荷もある．これらの負荷は，雨天時に限られるので，晴天時における放流先の河川水質への影響という点ではあまり考慮する必要はないが，河川の下流に湖沼や湾等の閉鎖性水域が存在する場合は，これら水域への栄養塩類負荷の増大という視点で考慮する必要がある．

図-4.6，**4.7**は，『合流式下水道の改善対策に関する報告書』および同調査データから選んだ合流式下水道越流水におけるSS，T-N，T-P濃度の時間変動の一例である．ファーストフラッシュに伴うSS濃度の上昇に伴いT-N，T-P濃度も上昇していることが示されている．

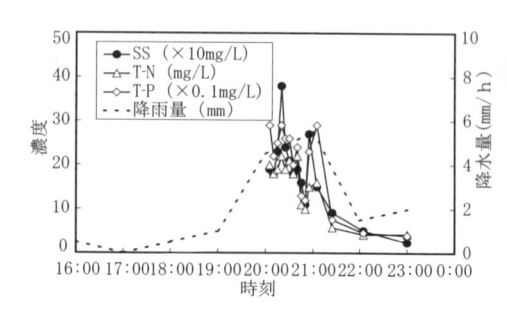

図-4.6 東北地方S市における雨天時越流水濃度変化
（雨水吐口，2001年6月30日，先行無降雨時間26時間，総降雨量：15.5mm）

図-4.8は，これら以外の調査結果も含め，7市12降雨の時系列データよりSS，T-N，T-Pの濃度の散布図を示したものである．ばらつきはあるが，SS：T-N：T-Pの濃度比は，およそ100：10：1となっていることが示されている．雨天時越流水に由来する窒素，リン負荷は，SS由来のものが多く，SSの流出を防止することで，窒素，リン負荷の低減を期待できることがわかる．

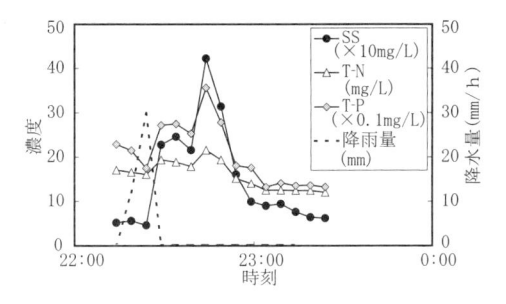

図-4.7 関西地方K市における雨天時越流水濃度変化（ポンプ場，2001年7月5日，先行無降雨時間113時間，総降雨量5.5mm）

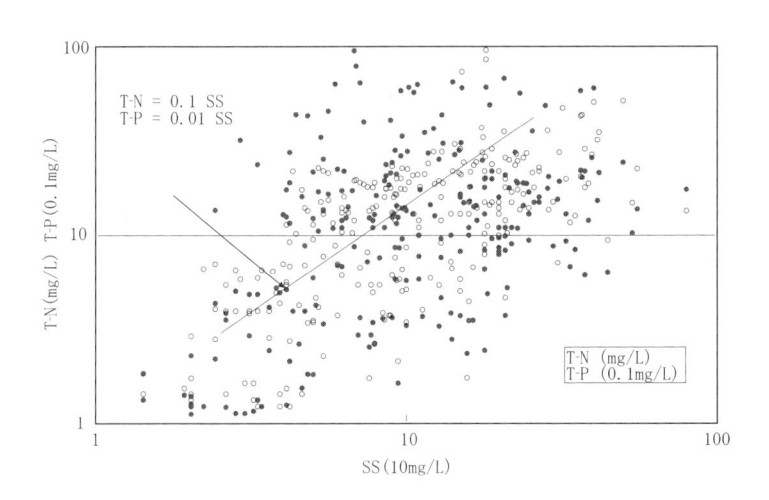

図-4.8 雨天時流出水中のSS，T-N，T-P濃度の散布図

4.2.3 河川に対する下水処理水負荷の影響の実態例

(1) 概　説

前項では，下水道の除去率等を示したが，国内には人口集中等の理由により，その影響が強く現れる場所がある．例えば，関東では多摩川，鶴見川，関西では淀川，

4. 栄養塩類に関する現象と課題

大和川等がそれにあたる．ここでは，関東の例として鶴見川，関西の例として淀川について，下水処理水の影響について報告する．

(2) 鶴見川

図-4.9に鶴見川各観測地点における低水流量の経年変化を示す．本線における

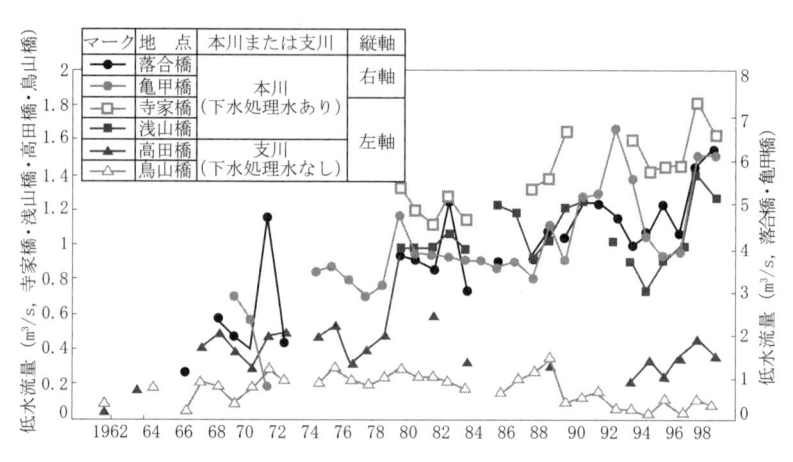

図-4.9 鶴見川各観測地点における低水流量の経年変化
(国土交通省京浜工事事務所，鶴見川とその流域の再生，2002)

河川流量はここ30年の間に増加傾向を示している．これは，流域の人口増化に伴って，主に相模川水系や酒匂川水系より供給される水道水が下水という形で鶴見川に放流されるようになるからである．一方，支川においても本川と同様に，1980(昭和55)年頃までは水道の整備による雑排水の流入によって流量が増加しているが，その後，下水道の整備に伴って，放流されていた雑排水が下水処理場までバイパスされるようになったために流量が減少し始め，水道整備による流量増の以前の状態に戻っている状況が見られる．

図-4.10は，亀甲橋における河川流量に占める下水処理水の割合の経年変化であるが，河川流量に占める下水処理水の割合は増加傾向にあり，1997(平成9)年では，低水流量に対して約60%となっている．

図-4.11は，亀甲橋(D類型)における水質の経年変化であるが，BOD，アンモニア性窒素，T-N，T-Pの項目において横這い傾向となっている．一方，図-4.12は，亀甲橋におけるBOD，ATU-BODの測定結果であるが，N-BODがBODを高くす

4.2 河川における下水由来の窒素,リンの影響と解析

る要因となっていることが示されている.

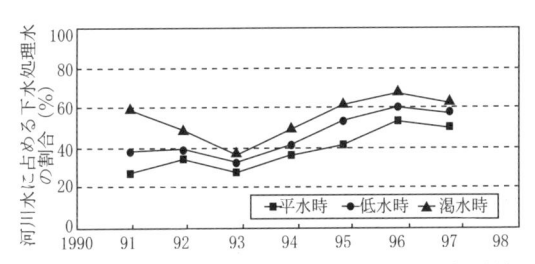

図-4.10 亀甲橋における河川流量に占める下水処理水の割合の経年変化(国土交通省京浜工事事務所,鶴見川とその流域の再生,2002)

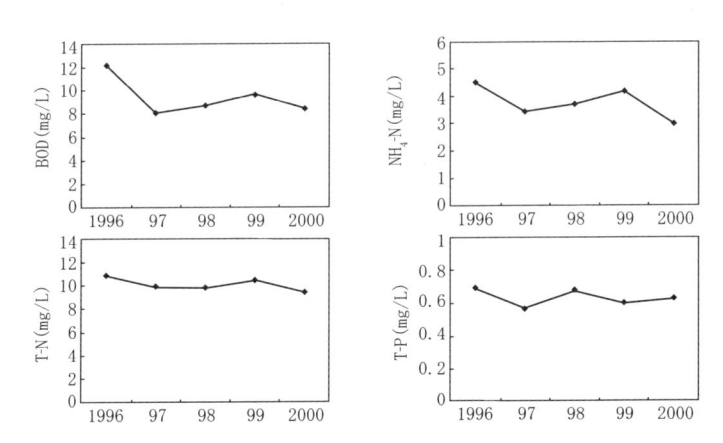

図-4.11 亀甲橋における水質の経年変化[(財)河川環境管理財団,第12回 鶴見川の新しい水質環境保全のための技術検討会資料,2002]

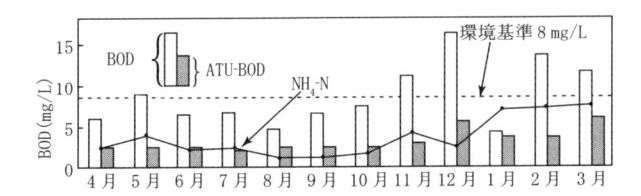

図-4.12 亀甲橋の BOD,ATU − BOD の測定結果(平成10年度)
(大垣眞一郎,吉川秀夫:流域マネジメント−新しい戦略のために,2002)

4. 栄養塩類に関する現象と課題

図-4.13は，亀甲橋におけるBOD，T-N，T-Pの排出源別汚濁負荷量の計算例を示したものである．工業系からの負荷も無視できないが，下水処理水由来の負荷量が大半を占めていることが示されている．

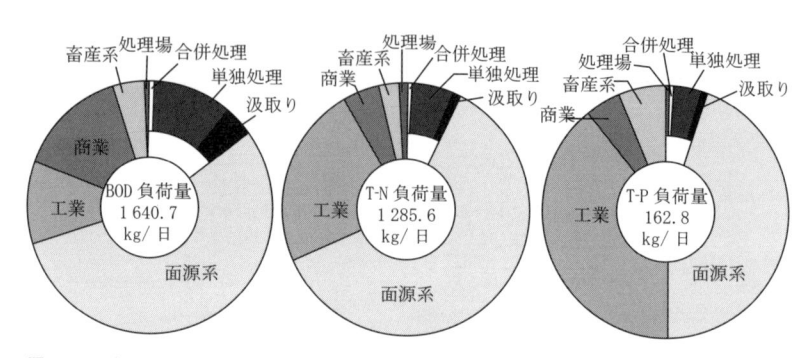

図-4.13 亀甲橋におけるBOD，T-N，T-Pの排出源別汚濁負荷量（(財)河川環境管理財団，第12回鶴見川の新しい水質環境保全のための技術検討会資料，2002）

図-4.14～4.18は，長岡らが測定した鶴見川におけるBODおよびDOの濃度分布である．河口より17km程度の地点までは感潮域となっており，海水の遡上の影響がある．調査地点の2箇所において下水処理場の放流水が流入している．なお，それぞれの処理場の放流水量は，A処理場19万m³/日，B処理場20万m³/日である（平成12年度実績）．また，下流より16km付近では，低水流量は約6m³/s程度である（平成11年度データ）．

測定日によりばらつきがあるが，全地点において測定されるBODの半分以上がN-BOD由来であることがわかる．また，B下水処理場の放流水を受け入れた後，BODはわずかに上昇し，DOは逆にわずかに減少しているが，おおむね8mg/L以上の濃度を保っており，環境あるいは水生生物に与える影響はほとんどないと考えられる．

B下水処理場の放流水受け入れの後，河口より10km以内の地点においては，BOD濃度が大きく減少していることが多いが，これはこの地点が感潮域のなかでも特に海水の遡上の影響が大きく，海水による希釈効果により濃度が減少したものと推定される．なお，河川のBOD濃度と下水処理場放流水のBODは，ほぼ同程度の濃度であり，B処理場からの放流水の流入による影響より海水による希釈効果の大きいと推定された．

制した状態の生物化学的酸素消費量の測定方法も記されている．『下水試験法』ではBODとC-BODの両者を測定し，BODの内訳を明確にすることも重要と述べている．

BOD測定で，対象水中の有機物を分解する微生物がいない場合には，植種により微生物を補うことをすべての試験法とも指示している．有機物は，微生物が多少とも存在すれば5日以内に十分分解されるので，これは有機物分解に関しては，反応が十分進行するだけの菌量を与えることが標準(⑤)であることを意味している．一方，硝化菌については，試料水や植種水中での量についての記述は一切なく，基質(NH_4-N)を十分分解(硝化)するまでの生物量を加える発想はない．

以上より，ほとんどの試験方法は，硝化反応によるDO消費をBODの妨害因子とも測定内容とも明言せず，その意味，判断を不明のままに置いていると結論できる．なお，BOD測定で希釈水にATU(アリルチオ尿素)を加えるだけで硝化反応の抑制は可能[42,50,52]であり，硝化が進行している下水処理場等ではその値をC-BOD(炭素系BOD)として管理指標に用いている

(3) 実河川での硝化作用の影響

実河川のBOD値への硝化反応の影響(N-BOD)に関していくつか調査されている．N-BOD算出は，ATUを加え測定したC-BODとBODとの差からを求める方法[44〜47]と，BODビン中の無機窒素3態の収支から求める方法[44]とで実施されている．それらによると，BOD中N-BODの割合(硝化寄与率)は，東京[46]，大阪[44,45,47]，愛知[44]で，それぞれ最大6割，5割，8割程度であった．濃度では，愛知県で30.0 mg/Lの高いN-BOD値が報告されている．近年の都市内河川において，N-BODは無視できない存在となっていることが理解できる．

N-BOD発現の要因として，柴田ら[44]，津久井[46]，森本ら[47]は，流入下水の多い測定地点で硝化寄与率が高くなることを述べている．さらに，柴田ら[44]，森本ら[47]の結果は，硝化寄与率が冬季で低下傾向にあり，その理由として，①試料中の硝化菌数が少ない[47]，②硝化菌の馴化に時間がかかる[47]，③低温時に残留有機物が多く，他栄養菌の増殖を促し，硝化菌の増殖を抑制する[44,47]などがあげられている．これに対し飯田ら[45]の結果は冬季に高くなっていた．NH_4-Nのデータがないので推測ではあるが，河川中のNH_4-N濃度が夏季に低い[43,46,47]ことが原因と思われる．

(4) N-BOD の測定上の問題点

前記のように多くの試験方法は，硝化に伴う酸素消費を排除していない．この観点より，BOD を微生物によるすべての酸素消費ポテンシャル値と考え，有機物由来の BOD（C-BOD）と硝化由来の BOD（N-BOD）との合計したものとみなす考え方がある．しかし，この点については，測定上でも以下の問題点が指摘できる．

まず第一点は，硝化反応が有機物の好気分解反応に比べ遅いため，5 日の培養日数では条件によって反応の進行度合いが大きく異なる点である．成富[53]は，試料中の硝化菌数で時間的なズレが生じるため，N-BOD を基質量の指標とすることは困難と結論付けている．林ら[54]は，Nitrosomonas 数 X(個/L) と N-BOD 値 Y(mg/L) との間に回帰式を示した．一方，服部ら[55]は，Nitrosomnas 数，NH_4-N 濃度および炭素源濃度から硝化寄与率を推定している．これらは，N-BOD 値が基質の NH_4-N 以外にアンモニア酸化菌(*Nitrosomonas*)数に依存することを示し，汚濁指標の条件である「汚濁物と強い相関関係」が菌数の多寡により弱められていることを示している．図-4.23 には，初期菌数の N-BOD への影響を C-BOD と比較してシミュレーションした結果[58]を示しているが，初期菌数によって試料中の NH_4-N がほぼ酸化される場合もされない場合もあることが理解できる．

もう一点は，希釈水中に含まれる NH_4-N が N-BOD 値として寄与する点である．図-4.24 は，模擬試料(グルコース 20 mg/L，NH_4-N 10 mg N/L)を用いた希釈影響実験結果[59]であり，各希釈段階での BOD と C-BOD との差から N-BOD を求め，図化している．図に示されるように，N-BOD 値増大に影響する因子として，培養日数とともに希釈倍率が重要であることがわかる．試料の NH_4-N から計算される理論 N-BOD 値(最大値)は 45.7 mg/L であるが，希釈水の NH_4-N の影響により高希釈時にはこれを超える値が計測された．問題は DO 消費率 40～70 %

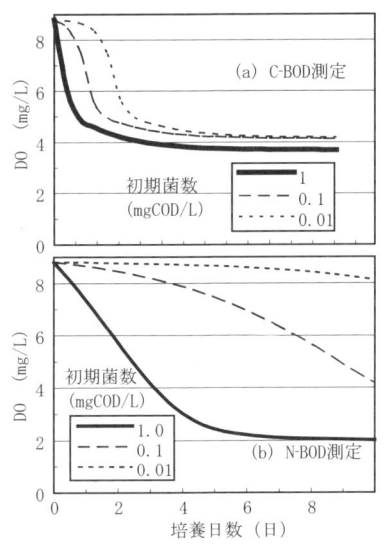

図-4.24 BOD 測定における初期菌数の影響

の条件でデータを限定しても，希釈水 NH_4-N の影響で N-BOD 値が高めとなりうる点である．成富[53]も，BOD 測定時の硝化作用に及ぼす希釈の問題点として NH_4-N の影響を指摘している．

(5) 水質指標としての問題点

N-BOD を含む BOD は，水質指標としての再現性に加え，汚濁指標としての問題点を持つ．BOD は元来，水域で DO 消費を引き起こす物質を測定することを目的としてきた．その意味では，その値が大きいほど DO が枯渇しやすいことが指標として望まれる．

図-4.25 に，淀川宮前橋の水質データ(1963～1999年)を用いて，BOD に占める N-BOD の割合と DO 不飽和濃度(DO 飽和値との差)との関係を示す．図に用いたデータは，BOD 値が 5～15 mg/L 範囲のもので，BOD 値に応じてプロットを

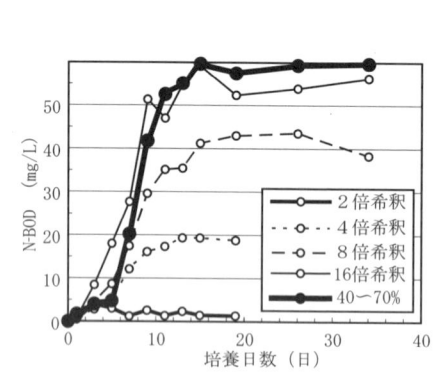

図-4.25 N-BOD 値の経年変化(黒丸は DO 消費率 40～70%の BOD，C-BOD での計算)

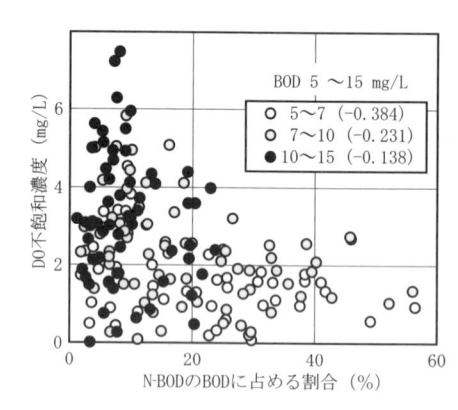

図-4.26 河川水 DO 低下に影響する BOD 成分 [プロットは BOD 値で区分．( )内は相関係数 R]

区分した．図より BOD 値が高いほど DO 不飽和濃度が高くなる，すなわち，水中 DO が低くなることがわかる．重要な点は，同じ BOD 値範囲では，N-BOD の割合が大きいほど DO 不飽和濃度が低くなる傾向があり，これは N-BOD が C-BOD ほど水中 DO 低下に影響しないことを示している．

BOD が水域での汚濁強度を示すかどうかも重要な点である．藤井ら[56]は，下水中の汚濁物が好気性分解により減少する過程を数理モデルによるシミュレーションで検討している．図-4.27 にその結果を示すが，時間の経過とともに浄化が進行す

4.2 河川における下水由来の窒素,リンの影響と解析

る様子は,易分解性有機物,従属栄養性菌,NH_4-N の減少から認められる.この間,C-BOD は単調減少しているものの,BOD はいったん低下した後,アンモニアの硝化が進行する頃急激に増加するパターンを示している.BOD は,最終的には低下するものの,このように N-BOD の影響で,BOD は浄化の進行を反映した形とならず,汚濁指標としての限界を有することを予見している.この点は,河川水に下水が流入する場合を想定した実験[59]でも類似のパターンが示されており,BOD の指標としての問題点として認められる.

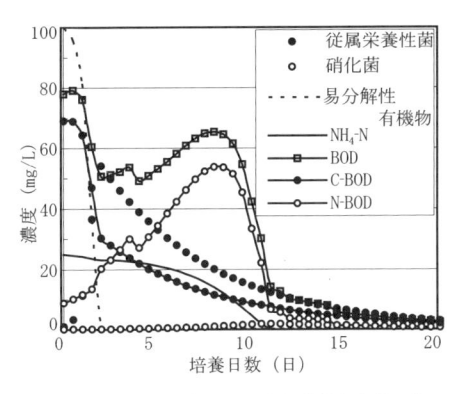

図-4.27 下水の曝気による浄化過程と水質変化
(シミュレーションによる予測計算)

(6) まとめ

下水由来の栄養塩類の栄養として N-BOD について検討の結果,以下の問題点が指摘できた.

① 主要な試験法で硝化反応は BOD の妨害因子とも測定対象とも明確に示されていない.
② 近年の都市河川の BOD のうち,N-BOD は最大で 5〜8 割を占め,BOD が炭素系有機物以外をかなりの割合で測定している.
③ 通常の BOD 測定条件では,N-BOD は窒素系の酸素消費量を再現性・精度の面から正確に測定できない.
④ N-BOD は C-BOD に比べ水域の DO 枯渇への影響が小さい.
⑤ BOD は N-BOD の影響で,汚濁物質の浄化過程を把握する指標とはならない.

以上,より有機汚濁指標として現在の BOD を用いることは問題が多く,硝化反応を抑制した C-BOD を BOD とし,環境管理等の指標として利用することを提案できる.このため,各種の試験方法,基準等を見直すべきと考える.

4.3 窒素,リンの流出・運搬機構

4.3.1 雨水の窒素濃度,リン濃度

　大気から流域への窒素,リンの負荷は,粒子状物質等の乾性降下物と降雨や降雪等の湿性降下物に分けられる.乾性降下物として地表面に到達した窒素,リンは,降雨時に洗い出されて河川に流入する.このため,降水による負荷や降水中の平均濃度を算出するには,降水中の栄養塩類のみだけではなく,乾性降下物由来の栄養塩類も考慮する必要がある.林学の分野において,試験地を設けた森林での生態系調査では,森林への流入となる大気からの負荷についても調査がなされているが,窒素,リンに関しては,NO_3-N と NH_4-N のみの場合がほとんどである.降水中からの負荷に関して日本で継続的に広範囲にモニタリングされているデータとしては,環境省が実施している酸性雨対策調査があるが,これも NO_3-N,NH_4-N のみである.
　酸性雨対策調査は,1983(昭和 58)年から実施されており,第 3 次調査[1993～1997(平成 5～9)年]では全国 46 地点で観測が行われ,データが公表されている[60].表-4.8 に酸性雨対策調査における 1993 年から 1997 年の各観測所の濃度の最大,最小,平均値を湿性降下物と全降下物(湿性降下物と乾性降下物の和)について濃度に換算して示した.また,T-N,T-P を観測している梅本ら[61],國松ら[62],森ら[63]の観測値についても示した.
　酸性雨対策調査における NH_4-N 濃度の最大値は,湿性が筑後小郡,全降下物が宇部,最小は湿性が沖縄国頭,全降下物が小笠原,NO_3-N の最大値は湿性,全降下物とも北九州,最小は同じく小笠原であった.NO_3-N と NH_4-N を合わせると,平均で 0.6 mg/L になり,降雨による窒素の負荷はかなり大きい.窒素酸化物の排出源は,工場と自動車,特にディーゼルであり,梅本らの調査でも同様の傾向が得られているが,排出源に近い都市域や工業地帯で濃度が高くなり,山地や離島等では低くなっている.しかし,谷川岳の山頂では,降雪中の窒素濃度は酸性雨対策調査の最小値に近い値であるが,降雨中の濃度は全国平均よりも高い値になっており,夏季に南風の比率が冬季に比べて大きくなることから首都圏排出物の影響も考えられる[63].國松らや森らの全大気降下物の観測では,T-N の濃度は,NH_4-N と NO_3-N

4.3 窒素, リンの流出・運搬機構

表-4.8 降水中の栄養塩類の平均濃度

	降雨量 (mm)	NH_4-N (mg/L)		NO_3-N (mg/L)		T-N (mg/L)		T-P (mg/L)	
		湿性	全降下物	湿性	全降下物	湿性	全降下物	湿性	全降下物
酸性雨対策調査[60]									
最大		0.42	0.45	0.37	0.48				
最小		0.10	0.12	0.07	0.08				
平均値	1 534	0.25	0.29	0.26	0.33				
神戸[61]	1 340					0.69	1.12	0.006	0.008
生野[61]	1 893					0.27	0.49	0.005	0.007
朝日岳(N流域)[62]	1 932	0.20		0.21		0.66		0.030	
朝日岳(S流域)[62]	1 932	0.25		0.21		1.08		0.064	
妙光寺[62]	1 123	0.51		0.50		1.18		0.101	
朽木[62]	2 356	0.23		0.30		0.71		0.037	
谷川岳山頂雪[63]		0.13		0.11		0.39		0.008	
谷川岳山頂雨[63]		0.38		0.40		1.06		0.003	

の濃度の合計より高くなっている．また，梅本らの観測では乾性降下物の比率が窒素で約40％になっている．酸性雨対策調査の結果等と併せて考えると，乾性降下物中の窒素は，NH_4-NやNO_3-Nの無機イオン以外のおそらく有機性窒素であろうと考えられる成分の非率が高いことが示唆される．

　リンについては，梅本らで0.007〜0.008 mg/L，國松らで0.03〜0.101 mg/L，森らで0.003〜0.008 mg/Lであり，その他の観測例でも0.2〜0.12 mg/Lの報告がなされている[64]．谷川岳や生野等の山地で低い値が観測されているが，朝日岳では0.1 mg/Lの濃度が観測されており，観測事例も少ないことから地域特性等はわかっていないが，おおよそ0.005〜0.1 mg/Lの範囲にあると考えられる．

4.3.2 森林域からの窒素, リンの流出機構

　森林からの無機イオン成分の流出に関しては，林学の分野では，試験地を設けて詳細な検討がなされている．しかし，窒素に関しては，硝酸イオン，亜硝酸イオン，アンモニアイオンの無機イオンのみで，T-Nの測定がほとんどなされていないこと，リンに関しては測定されている例が少ないことなど必ずしも下流域の富栄養化に関する水質項目の観測は十分ではない．

　森林からの流出水の水質濃度は，特に，降雨時において大きく変動するが，降雨時の詳細な観測例は少ない．降雨時の水質成分は，流出特性から，流量増加に伴い濃度が大幅に上昇する「洗出し型」，濃度が上昇する「安定流出型(貯留型)」，濃

大きくなると，底面近傍の乱れ生じ，河川水中の栄養塩類の取込み速度は大きくなることが知られている．また，流速は，藻類種構成にも影響を与え，流速が大きい場では，糸状性藍藻類の優占率が大きくなる[87]．

(2) 硝化，脱窒

硝化細菌は，増殖速度が遅いため，河川流水中で水質に影響を及ぼすほどに増殖し，現存することはほとんどない．河川での硝化・脱窒は，河床付着生物膜中に存在する硝化細菌・脱窒細菌の働きによるものがほとんどである．

河川での硝化速度に関しては，500〜5 000 mg N/m^2・日の範囲が多く報告されている．また，その速度は，上層水のNH_4-N濃度に関して1次で関与するとした取扱いでは0.5〜2.8 m/日の範囲での値が多く示されている．脱窒速度については300〜1 370 mg N/m^2・日の値が示されている[86]．

硝化細菌と藻類が共存している場合は，日中は藻類のNH_4-N摂取が卓越するが，夜間は硝化と細菌への摂取が卓越する．明条件より暗条件の方が硝化細菌には有利な環境となる．また，硝化細菌は，河川水中の窒素だけではなく，付着藻類に取り込まれた後，分解により供給される窒素も基質として利用している[88]．

(3) 溶　　出

東京都日野市の小水路における付着生物膜を使用したDOC除去試験では，DOC除去速度は，生物膜に十分に酸素が供給される状況では生物膜現存量の増加に伴って大きくなることが示され，逆に酸素が十分でない状況では河床付着生物膜の成長がDOCの除去に負の影響を与えたことが報告されている[89]．

河川において，河床が嫌気状態になり，アンモニア，リン等の物質が溶出する状態は特殊なケースといえよう。しかし，富栄養化により大型植物の繁茂した河川において，無酸素状態を呈し，栄養塩類の溶出が生じたという報告もある[90]．

(4) 剥　　離

河川の富栄養化によって河床付着生物膜の増殖が促進され，その剥離量が増大し，河川水の有機汚濁および淵・澱み等への局所的な沈降・堆積による河床の有機汚濁が生じる．海老瀬ら[91]は，滋賀県大津市の相模川を調査し，河床付着生物膜の剥離流出は肉眼でも観察できるほどであり，周日調査において河川流量の変動に合わせ

て懸濁態 COD, Chl-a が変動することから,晴天時のわずかな流量変化でも剥離流出への影響が大きいことを示している.戸田ら[87]の水路装置を用いた実験では,生物膜付着量が 5 mg Chl-a になる頃に剥離し始め,付着量が多い水路で剥離量が多くなった.また,1日当りの剥離量を現存量で除した剥離率は,実験の進行に伴って増加しており,付着生物膜の生理活性の低下によるものと考察している.

これらの結果は,河川の富栄養化によって河床付着生物膜の増殖・剥離が促進され,平水時の水質にも少なからず影響を与えることを示唆する.しかし,栄養塩類濃度と河床付着生物膜の増殖の関係,ならびに平水時の剥離との関係は,流速や流速変化,水温,照度等のそれぞれの河川環境に特有の因子で大きく異なる.このため,富栄養化の進行が河川において有機汚濁の問題として顕在化するかどうかを見極めるのは容易でない.

また,出水時の剥離による有機汚濁に関して,海老瀬ら[91]は,降雨時における水質のピーク濃度は,降雨前と比べて懸濁態 COD で 179 倍となり,河床付着生物膜の剥離に起因する割合は約 55% 以上であると推定している.井上[92]は,河床付着生物膜による河川水質変化への寄与を評価し,剥離量は水温が高く,日射量の大きい夏季に多く,また年間降水量と剥離量には反比例の関係があることを明らかにしている.これは,降水量が多いと,流量増大時の剥離のために河床付着生物膜現存量の少ない状態が続くことなどが原因とされている.

剥離の現象は,平水時および洪水時ともに,十分に現象が解明されているとはいい難い状況にある.さらに河川水質への影響としては,河川のどこに沈降・堆積するか,その結果として水質にどのような影響を及ぼすかを把握する必要もある.

4.4 河川水における窒素,リン管理の必要性

河川については,水質環境基準の生活関連項目として窒素やリンは設定されておらず,河川の水質汚濁問題は,生物生息に根本的に関わる DO やその消費の原因となる有機物の汚濁濁指標である BOD を中心に議論や対策がなされてきている.窒素やリンに関しては,湖沼や内湾に流入する河川においてのみ,その規制が間接的に実施されてきている状況にある.

しかしながら,安定した水利用を確保する目的で河川には,ダム以外にも取水等

4.4 河川水における窒素，リン管理の必要性

を目的とした堰等が建設され，水が貯められるため，「流れる水」だけでなく，「停滞する水」も考慮して水質を考慮する必要がある場所が多くなっている．特に調整池や河口堰付近の滞水域等での水質変化は，栄養塩類の濃度に大きく左右されることが想定される．特に飲料用を含む利水目的がある場合には，栄養塩類の管理は，富栄養化に伴う障害を防止するためにも重要な課題である．

また，日本の河川は，大河川の下流部を除き，その多くは水深が浅いため，河床の付着藻類の増殖や水生植物の繁茂による水質や水環境に及ぼす影響が強い．例えば，過度な付着藻類増殖は，河床のぬるぬる感に影響を与え，親水水辺空間としての価値を下げる可能性もある．また，付着藻類や水生植物は，窒素やリンを固定している一方で，いったん剥離や死滅が起こると，下流への汚濁負荷となることも想定される．

したがって，河川における望ましい水利用や水環境を確保する意味でも，湖沼や内湾だけでなく，河川においても栄養塩類の管理が重要であることを認識することが大事である．そこで，以下にこの管理の必要性を認識するための視点や想定される課題を以下にまとめる．

4.4.1　欧米における栄養塩類管理状況の精査の必要性[93,94]

3.2 と 3.3 で欧米における栄養塩類の管理動向を紹介している．欧州では，窒素汚染に関連して Nitrate Directive という EU 指令が発効しており，地下水も含め河川における NO_3-N 汚染への対応を流域単位で進めようとしている[95]ことに加え，Water Framework Directive の実効に伴ってリンに関しても管理手法を検討することが求められてきている[96]．一方，米国では，管理や規制を想定して，河川における栄養塩類の水質基準づくりに向けた動きが見られる．また，TMDL（Total Maximum Daily Load）の概念で州を越えて流域単位での窒素やリンの負荷量を算定することなどから河川の栄養塩類の影響を評価しようとしている[97]．

日本の河川における栄養塩類による水質環境への影響が，欧米の河川と全く同様なものであるとは考えられないが，少なくとも欧米の管理動向をさらに精査することは，河川における栄養塩類の管理の必要性を検討する上で非常に有用であると考えられる．特に，米国の基準設定に向けた技術指針[94]の内容は非常に参考になるものと考えられる．

4.4.2 既存水質モニタリングデータの総合的な活用

日本における窒素，リン濃度測定データは，2.1において記載されているように，湖沼だけでなく，河川でも存在している．国土交通省(旧建設省)は，一級河川において100地点以上で，水質基準項目ではないものの窒素やリンを測定して，図-4.29に示すような栄養塩類平均濃度ランク別割合の経年変化を検討してきている．

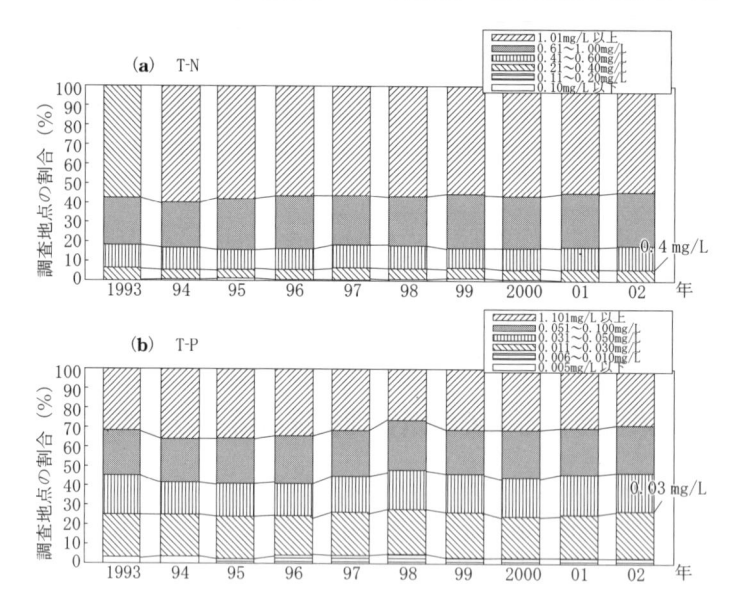

図-4.29 河川における栄養塩類濃度平均値によるランク別割合の経年変化[98]

一方，『水質汚濁防止法』における公共用水域での水質汚濁状況の常時監視(法第15条)の規定から，都道府県により水質測定が行われ，そのデータが公表されてきている．そして，国立環境研究所環境情報センターで，これらの公共用水域データを一括したファイルとして公開している．

しかしながら，国土交通省と環境省のデータが統合して管理されていないため，総合的に河川の水質動向を解析することが困難な状況にある．本書でも，国土交通省の直轄区間のデータを中心に整理を行うことにとどまっている．今後は，直轄区間以外での栄養塩類水質データの有無を確認するとともに，より多くの既存水質データの総合的な活用が望まれる．

4.4.3 河川における栄養塩類濃度レベルの評価のあり方

河川の窒素やリン濃度レベルをランク分けする際，図-4.29では，湖沼における水質環境基準の類型別の基準値を便宜的に用いているものと考えられる．なお，図の右端に示されている 0.4 mg N/L と 0.03 mg P/L は，類型Ⅲに相当している．この類型での利用目的の適用性は，水道3級，水産2，3級，工業用水，農業用水，環境保全である．河川下流部の滞水域では湖沼の状況に類似していることもあるが，これらの数値が参照されているのは，河川独自の富栄養化あるいは栄養塩類濃度レベルと利水障害とがいまだに関連付けて整理されていないための苦肉の策であろう．

今後，湖沼の水質基準を参照しながらも，河川における独自の栄養塩類に関する判断基準を明確にすることが求められる．そのためにも，河川における富栄養化現象と栄養塩類による問題との因果関係を正しく把握することが必要であり，それなくしては，栄養塩類管理の判断基準は設定できない．

4.4.4 評価に必要な判断基準と管理のための目標設定

水質汚濁が認識されるのは，人間が水利用する際であり，評価は自ずと利水障害の観点で定義されることとなる．ここでは，利水を幅広く捉え，生活用水，農業用水や工業用水だけではなく，水産用水，水辺空間の親水利用や水浴等への水利用，さらには水域生態系と共存すること自体も利水に含めるとする．その場合，それぞれの利水に求められる要件に応じて，栄養塩類濃度レベルやそれによって生じる現象を定量的に評価する判断基準の必要性が生じる．これは，BODやDO等の水質環境基準が水利用用途ごとに類型化されていることと同様である．

最もわかりやすい判断基準の提示方法として，障害のないレベルの参考状態を明確化することに加えて，生じる障害のレベルごとに対応する栄養塩類濃度範囲が判断基準として与えられることが期待される．しかしながら，藻類増殖は，栄養塩類濃度だけではなく，季節，日照，生息場の条件等の他の要因にも関係するため，重要な要因をいくつか組み合わせた指標や基準が必要になるものと推察される．

ここで，指標や基準値の対象として，湖沼とは若干異なり，T-NやT-PとしてだけでなくU，河川では窒素濃度の一成分である NH_4-N も重要な項目になりえることに留意が必要である．

管理のための，目標水質と規制のあり方においては，栄養塩類の発生源とその制

御可能性，汚濁負荷削減対策の経済性，削減による効果等の様々な面を考慮して，目標設定される必要がある．

具体的には，次のような段階があるものと想定される．
① 目標の設定，
② 水質データと利水障害事例の収集，
③ 汚濁メカニズムと因果関係の理解と定量化，
④ 発生源把握と管理・制御の可能性，
⑤ 設定目標の妥当性の確認・見直し，
⑥ 管理指標や基準値設定，規制・制度の実施．

設定する基準や規制のあり方は，全国一律ではなく，当然，流域ごとに異なるものとなり，河川のサイズ，流水域と停滞水域，自然な河川と都市排水を受ける河川，水利用タイプなどと整合させながら管理目標や基準値を設定する必要がある．また，同じ河川であっても流量，水位，河床の条件が異なる上流と下流，さらには集水域の状況や保全すべき対象によって一律であることはありえない．また，この類型化は，現在の BOD 等の生活環境項目の水質環境基準値が設定されているものと同じ区間になるとは限らない．それは，栄養塩類が都市生活活動だけではなく，農業活動を含め自然由来の汚濁発生源と深く関わることからも想像される．

4.4.5 河川区間や河川流域タイプによる類型化

閉鎖性が強く，物質循環がほぼ完結している湖沼とは異なり，河川は開放系であり，物質循環が流れに大きく依存する．したがって，上流・中流・下流という位置あるいは流下方向の視点だけではなく，自然条件や社会条件を含めた流域が有する環境要因の視点も加えて，河川流域としてもタイプ分けしたり，分類することが妥当であると判断される．河川流域として，次のような要因を整理したうえで，まず類型化が行われるべきであると考えられる．
・水文・気象学的：降水量，気温・水温等，
・地形・地質学的：標高，地質，流域植生等，
・生物・生態学的：生息域，水生生物等，
・人間・社会活動：土地利用，水利用，汚濁負荷等．

水文・気象学的な要因に関して記述すると，同じ栄養塩類濃度レベルであるとしても，植物プランクトンや付着藻類の増殖能に及ぼす水温の影響は大きく，その結

4. 栄養塩類に関する現象と課題

49) 日本水道協会：上水試験法, 1993.
50) 日本下水道協会：下水試験法, 1997.
51) AP.HA/AWWA/WWF：Standard Methods for the Examinaiton of Water and Wastewater, 20th. Edition, 1998.
52) USEPA：Standerd Operating Procedure for the Analysis of Biochemical Oxygen Demand in Water, 2000.
53) 成富武治：硝化性酸素消費を含むBODの測定上の問題点, 用水と廃水, Vol.31, No.7, pp.602-607, 1989.
54) 林潔彦, 中川公子, 野村隆夫：生物処理水のBOD試験における硝化菌の影響, 下水道協会誌 ,Vol.20, pp.492-494, 1983.
55) 服部幸和, 望月京司, 大川和伸, 島田重行, 野中和代, 加茂智子, 柴田次郎, 東義仁, 中本雅雄：事業場排水の硝化寄与率に及ぼす各種因子の影響, 用水と排水 , Vol.34, No.6, pp.485-488, 1992.
56) 藤井滋穂, 松澤正貴：窒素酸化のBOD測定に及ぼす影響の文献・モデルによる検討, 環境衛生工学研究 , Vol.16, No.3, p.143-148, 2002.
57) 藤井滋穂, 松澤正貴, 永禮英明, 清水芳久：桂川下流水質汚濁状態の変遷解析, 環境技術研究協会研究発表会 , Vol.3, pp.165-168, 2003.
58) 松澤正貴：硝化作用のBOD値へ及ぼす影響に関する研究, 京都大学大学院工学研究科環境工学専攻修士論文, 2003.
59) 藤井滋穂, 松澤正貴, 永禮英明, 清水芳久：硝化反応のBODに及ぼす形容の実験による評価検討, 環境工学研究論文集 , Vol.40, pp.531-540, 2003.
60) 環境庁, 日本環境衛生センター酸性雨研究センター：第3次酸性雨対策調査データ集(大気系調査分冊), 1999.
61) 梅本諭, 駒井幸雄, 井上隆信：都市域, 山林域における湿性降下物及び全大気降下物による窒素, リンの負荷量, 水環境学会誌, Vol.24, pp.300-307, 2001.
62) 國松孝男, 須戸幹：森林渓流水質と汚濁負荷流出の特徴, 琵琶湖研究所所報, No.14, pp.6-15, 1997.
63) 森邦広, 青井透, 阿部聡, 池田正芳：谷川岳を含む利根川最上流から利根大堰までの栄養塩濃度の推移と流出源の検討, 環境工学研究論文集, Vol.39, pp.235-246, 2002.
64) 田淵俊雄, 高村義親：集水域からの窒素・リンの流出, 東京大学出版会, 1985.
65) 山田俊郎, 清水達雄, 井上隆信, 橘治国：降雨時における森林集水域からの水質成分負荷流出特性, 環境工学研究論文集, Vol.36, pp.217-224, 1999.
66) J.D. Aber, K.J. Nadelhoffer, P. Steudler and J.M. Melillo：Nitrogen saturation in northern forest Ecosystems, *BioScience*, Vol.39, pp.378-386, 1989.
67) 大類清和：森林生態系での"Nitrogen Saturation"－日本での現状－, 森林立地, Vol.39, pp.1-9, 1997.
68) R.F. Wright, J.G.M. Roelofs, et al.：NITREX: responses of coniferous forest ecosystems to experimentally changed deposition of nitrogen, *Forest Ecology and Management*, Vol.71, pp.163-169, 1995.
69) 梅本諭, 駒井幸雄：山林域小水域における栄養塩類の濃度変動と流出特性, 国立環境研究所研究報告「水環境における流出特性に関する研究報告」, R-144, pp.101-113, 1999.
70) 山田俊郎, 大江史恵, 清水達雄, 橘治国：森林集水域からの栄養塩負荷流出とその特性に関する比較研究, 環境工学研究論文集, Vol.35, pp.85-93, 1998.
71) 國松孝男, 須戸幹：林地からの汚濁負荷とその評価, 水環境学会誌, Vol.20, pp.810-815, 1997.

参 考 文 献

72) 渡部春樹, 伊井貞博, 田中金春:林地からの汚濁流出特性, 下水道協会誌, 24(273), pp.41-51, 1987.
73) 武田育郎:農地におけるノンポイント汚染源負荷, 水環境学会誌, Vol.20, pp.816-820, 1997.
74) 國松孝男:農業地域と琵琶湖の環境保全, 琵琶湖-その環境と水質形成-(宗宮功編著), 技報堂出版, pp.39-45, 2000.
75) 近藤正, 三沢真一, 豊田勝:代かき田植時期のN,P成分の流出特性について, 農業土木学会論文集, No.164, pp.147-155, 1993.
76) 國松孝男, Luo Rong, 須戸幹, 武田育郎:非作付け期間の宝の水質汚濁物質の表面流出, 農業土木学会論文集, No.170, pp.45-54, 1994.
77) 伊井博行, 平田建正, 松尾宏, 田瀬則雄, 西川雅高:茶畑周辺の池水中のpH変化と窒素, リン, 硫黄, アルミニウムの挙動について, 土木学会論文集, 594/Ⅶ-7, pp.57-63, 1998.
78) 志村もと子, 田渕俊雄:畜産ふん尿の処理方法と河川の窒素濃度の関係, 用水と廃水, Vol.39, No.5, pp.21-26, 1997.
79) 和田安彦:ノンポイント汚染源のモデル解析, 技報堂出版, 1990.
80) 和田安彦:ノンポイント負荷の制御, 技報堂出版, 1994.
81) 和田安彦:非特定汚染源負荷の流出量とその特性, 環境技術, Vol.14, No.1, pp.97-101, 1985.
82) 市木敦之, 長田恭典, 安陸幸一郎, 嶋田智行:高速道路における汚濁物の堆積・流出挙動の実態調査, 環境工学研究フォーラム, Vol.38, pp.109-111, 2001.
83) 渡部正弘, 斎藤紀行:低温下の尿素系融雪剤分解による魚毒性, 水環境学会, Vol.25, No.2, pp.93-96, 2002.
84) 水野修:河川における水質環境向上のための総合対策に関する研究, 2.4 面減の対策, pp.72-84, 河川環境管理財団, 2002.
85) 井上隆信:非特定汚染源の原単位の現状と課題, 水環境学会誌, Vol.26, No.3, pp.7-10, 2003.
86) 宗宮功編著:自然の浄化機構, 技報堂出版, 1990.
87) 戸田祐嗣, 赤松良久, 池田駿介:水理特性が付着藻類の一次生産特性に与える影響に関する研究, 土木学会論文集, Ⅱ-59/705, pp.161-174, 2002.
88) 山田一裕:生活排水による汚濁負荷の評価と河川生態系への影響に関する研究, 東北大学博士学位論文, 1998.
89) 大久保卓也, 細見正明, 村上昭彦:小水路における水質変化に及ぼす河床生物膜の影響, 水環境学会誌, Vol.17, No.4, pp.256-269, 1994.
90) L.B. Parr and C.F. Mascon:Cause of Low Oxygen in a Lowland, Regulated Eutrophic River in Eastern England, *Sci. Total Environ.*, Vol.321, No.1/3, pp.273-286, 2004.
91) 海老瀬潜一, 宗宮功, 大楽尚:市街地河川流達負荷量変化と河床付着生物群(I), 用水と廃水, Vol.20, No.12, pp.1447-1459, 1978.
92) 井上隆信:河床付着生物膜による河川流下過程の水質変化に関する研究, 北海道大学博士学位論文, 1996.
93) European Environmental Agency:Nutrients in European ecosystems,Environmental assessment report No.4, EEA, 1999.
94) USEPA:Nutrient Criteria Technical Guidance manual-Rivers and Streams,EPA-822-B-00-002, 2000.7.
95) K.J. Hughes, W.L. Magette, and I. Kurz:Calibration of the Magette phosphorus ranking scheme; a risk assessment tool for Ireland, Proc. of 7th International Conference on Diffuse Pollution & Basin Management, in Dublin, 2003.
96) Management of regional German river catchments (REGFLUD) -general conditions and policy options

on diffuse pollution by agriculture of the River Rhine and Ems, Proc. of 7th International Conference on Diffuse Pollution & Basin Management, in Dublin, 2003
97) T. Soerens：Water quality in the Illinois River: Conflict and cooperation between Oklahoma and Arkansas, Proc. of 7th International Conference on Diffuse Pollution & Basin Management, in Dublin, 2003
98) 国土交通省河川局編：平成14年全国一級河川の水質現況, 2003.
99) 森山克美, 庄司智海, 古賀憲一：長期水質変動特性からみた遠賀川の水問題分析, 環境システム研究, Vol.24, pp.667-672, 1996.
100) 建設省都市局下水道部監修：流域別下水道整備総合計画調査－指針と解説(平成11年版), 3章汚濁負荷量と汚濁解析, 日本下水道協会.
101) 大垣眞一郎, 吉川秀夫監修：流域マネジメント－新しい戦略のために, 技報堂出版. 2002.
102) 環境省：環境基本計画－環境の世紀への道しるべ, 2000.
http://www.env.go.jp/policy/kihon keikaku/index.html
103) 古米弘明：健全な水循環系の構築へ向けた新たな水質管理の展開, 水道公論, 第39巻, 第2号, pp.28-32, 2003.

5. 河川水質管理への提言

5. 河川水質管理への提言

　第1章に示したように，日本の河川において栄養塩類に関する種々の問題が顕著に現れており，これに対応する取組みが早急に求められている．本章は，これらの問題の所在と取り組むべき方向について，①栄養塩類の捉え方，②栄養塩類濃度管理の必要性，③栄養塩類発生源対策のあり方，の3つの分野に分けて「提言」という形で整理したものである．枠囲いに示される各提言について，それぞれの背景と解説をその下に示した．また，その根拠となる研究の成果，データについては，2章，3章，4章の該当する項を各文末の括弧内に示した．

5.1　河川水質管理における栄養塩類の捉え方

> 【提言1】　河川水質管理においては，従来のBOD等の有機汚濁指標による管理に加えて，河川生態系の健全性に深く関わる指標として栄養塩類（代表的な指標として窒素，リン，ケイ酸）も取り扱うべきである．なお，窒素に関しては形態別に把握することが必要である．

・日本の河川ではBODの環境基準をほぼ満足するようになってきたが，窒素，リンの濃度は依然として高く，下流の停滞水域で過剰なプランクトン増殖を引き起こすなど大きな問題が生じている(**2.1.2 参照**)．

・窒素濃度，リン濃度が特異的に高くなることにより停滞水域で出現する植物プランクトン種に影響が出ている．ケイ素を必須元素とする珪藻が藍藻や緑藻に置き換わるなどの現象はその例である(**4.1.2 参照**)．

・日本の河川の多くは水深が浅いため，河床の付着藻類や水生植物の水質に対する影響が強い．したがって，河川における望ましい水利用や水質環境を確保する意味でも，この視点から河川において栄養塩類の管理が重要である(**4.1.2, 4.1.3, 4.4 参照**)．

・特に窒素濃度は水稲栽培に大きな影響があり，窒素濃度，特にアンモニア性窒素濃度が高いと，倒伏や青立ち等の被害を及ぼす．また，アンモニア性窒素は，浄水障害の原因物質となるほか，魚類をはじめとする水生生物の生息，繁殖にも悪影響を及ぼすことが知られている(**2.3 参照**)．

5.1 河川水質管理における栄養塩類の捉え方

- 亜硝酸性窒素や硝酸性窒素も環境基準健康項目として特に水道水源管理の点で重要であるほか，亜硝酸性窒素は水生生物に対し強い毒性を有している．このように窒素は形態別に把握すべき河川水質項目である(**2.3** 参照)．

> **【提言2】** 有機汚濁の管理指標であるBODについては，C-BODとして測定すべきであり，N-BODの原因物質であるアンモニア性窒素については栄養塩類の管理指標の一つとして別途に測定すべきである．

- N-BODによって高いBOD値を示す箇所においても，河川の順流部では、DO低下の問題を生じているケースは日本では少ない(**2.4.3**, **4.2.3**, **4.2.4** 参照)．
- 公定法 BOD_5 測定は，硝化作用に左右されるので，有機汚濁指標として限界がある(**4.2.4** 参照)．

> **【提言3】** 湖沼と同様に河川においても，栄養塩類の適切な濃度レベルを想定し，様々な水利用と健全な生態系の保全のために，河川水質における栄養塩類濃度の管理目標値の設定を行うべきである．

- 湖沼，貯水池や内湾，沿岸域だけでなく，比較的大きな河川においては中下流部に停滞水域を有する場合もあり，そこでの富栄養化の問題が顕在化してきている(**3.1**, **4.4** 参照)．
- 河川の停滞水域での植物プランクトンの増殖に代表される問題だけでなく，水域生態系の重要な生産者である河床付着藻類や水生植物の増殖にも栄養塩類濃度は大きく影響する．消費者である魚類や無脊椎動物を含めた河川生態系全体が栄養塩類の循環と大きく関わっている(**4.1** 参照)．
- 河川と同じ淡水域である湖沼や貯水池の富栄養化防止を目的として，栄養塩類(窒素とリン)濃度の基準はあるが，河川流水域における栄養塩類に関する管理基準は確立されていない(**2.3**, **4.4** 参照)．

索　引

——の繁茂　153
水洗化　121
水中根　114
水稲　38, 168

【せ】

生活系負荷　120
生物化学的酸素要求量（BOD）　1
セキショウモ　117
瀬戸内海環境保全特別措置法　1
施肥管理　87, 172
施肥基準　96
洗剤　32
　——の無リン化　34
全窒素（T-N）　12, 16
全リン（T-P）　12, 16

【そ】

総量規制　38
藻類　5

【た】

田　146
第6次環境行動計画　88
脱窒　7, 151
多摩川　41
炭素系物質による酸素消費（C-BOD）　7, 135
単独処理浄化槽　123

【ち】

地下水汚染　147
地下水基準　37
畜産　32
畜産業　147, 172
窒素汚染　95
窒素系物質による酸素消費（N-BOD）　7, 135, 138, 139
窒素酸化物　142
窒素飽和　145
窒素/リン比　5

抽水植物　114, 170
沈水植物　6, 116, 170, 172

【つ】

鶴見川　128

【て】

低水流量　54, 63
底生昆虫　112
底生動物　170
点源汚染対策　89

【と】

土壌流出　144
取込み　150

【の】

農業用水基準　38
農村集落排水処理施設　122, 124

【は】

排出基準　88, 90, 95
排出規制　95
排水基準　36, 91, 94
剥離　151
畑　146
判断基準　98, 99, 100, 155
反応性リン　73
半飽和定数　110

【ひ】

非イオン化アンモニア　8
非灌漑期（稲作の）　146
比増殖速度　110
被覆度　73
標準活性汚泥法　125
肥料　30
琵琶湖富栄養化防止条例　32
琵琶湖流域　121
貧酸素化　5

177

索　引

【ふ】
ファーストフラッシュ　126
富栄養化　1，169
付着(性)藻類　2，6，74，85，109，168，169，170
　——の増殖　153
付着藻類量　113
付着藻　117
物質収支　34
腐敗槽　86
プランクトン増殖　168
分析方法　22

【へ】
pHの上昇　4

【む】
無脊椎動物　119，169
無リン洗剤　33

【め】
メトヘモグロビン血症　37
面源汚染対策　89
面源負荷　16，148，172

【も】
モノー(Monod)式　110

【や】
屋根排水　148

【ゆ】
有機汚濁　1
有機汚濁指標　136，168
有機肥料　30
有機物による酸素消費(C-BOD)　7，135
融雪剤　149
遊離アンモニア濃度　39

【よ】
溶出　151
溶存酸素(DO)　3
　——の飽和率　73，74
溶存酸素不飽和　140
溶存態反応性リン(SRP)　85
溶存態有機炭素(DOC)の除去速度　6
溶存態有機炭素(DOC)の取込み　6
淀川　132

【ら】
落水　146
藍藻類　2，109

【り】
リター　116
流域管理計画　89
流域情報　160
流域別下水道整備総合計画　16
流域水環境情報　159
緑藻類　109
リン酸性リン(PO_4-P)　15，23

178

欧文索引

adventitiousroots　114
assimilationtype　115
ATU　138

BathingWaterDirective　94
BOD　1, 136, 169

C-BOD　7, 135, 138, 169
CleanWaterAct　98, 105
CleanWaterActionPlan　97, 159, 172
COD　1
CPOM　108
Criteria　98
CWAP　97, 159

Dangeroussubstancesdirective　91
DO　3
DOM　108
DrinkingWaterDirective　89, 91

EEA　73
EnvironmentalAgency91
EuropeanEnvironmentalAgency　73, 90

Fishwaterdirective91
FPOM　108
FreshwaterFishDirective　73

GoodStatus92
Groundwaterdirective91

HabitatsDirective89

Informationexchangedecision91

N-BOD　7, 135, 138, 139, 169
NH_3-N　39

NH_4-N　15, 22, 72
NitrateVulnerableZones　96
NitratesDirective　89, 95, 153
Nitrogensaturation　145
N_2O　8
NO_2-N　15, 72
NO_3-N　15, 23, 72
NutrientCriteria　97
NVZs　96

pH　4
PO_4-P　15, 23

referencevalue　72

SensitiveArea　94
Septictank　86
Shellfishwaterdirective91
SixthEnvironmentActionProgramme　88
SolubleReactivePhosphorus　85
SRP　85
Standard　98
standardvalue　72
Surfacewaterdirective91
SurveillanceMonitoring92

T-N　12, 16
TMDL　153
TotalMaximumDailyLoad　153
T-P　12, 16
translocationtype　115

UrbanWasteWaterDirective　89, 91, 94

WaterFrameworkDirective　89, 91, 94, 153, 159, 172
WFD　91, 159

179

河川と栄養塩類 管理に向けての提言	定価はカバーに表示してあります．
2005年2月14日　1版1刷発行	ISBN 4-7655-3403-0 C3051

監修者	大　垣　眞一郎	
編　者	(財)河川環境管理財団	
発行者	長　　祥　　隆	
発行所	技報堂出版株式会社	
	〒102-0075	東京都千代田区三番町8-7
		(第25興和ビル)
	電　話	営　業　(03)(5215)3165
		編　集　(03)(5215)3161
	F A X	(03)(5215)3233
	振替講座	00140-4-10
	http://www.gihodoshuppan.co.jp/	

日本書籍出版協会会員
自然科学書協会会員
工学書協会会員
土木・建築書協会会員

Printed in Japan

©Foundation of River and Watershed Environment Management, 2005

装幀　(株)アルト・プランニング　印刷・製本　シナノ

落丁・乱丁はお取り替え致します．
本書の無断複写は，著作権法上での例外を除き，禁じられています．

流域マネジメント
新しい戦略のために

A5判・総282頁　　ISBN4-7655-3183-X C3051

定価＝本体 4,400 円＋税（変更される場合がございます．弊社までご確認ください）

大垣眞一郎・吉川秀夫　監修　　　財団法人 河川環境管理財団　編

執筆者　浅枝隆・大石京子・大垣眞一郎・岡部聡・佐藤和明・
(50音順)　関根雅彦・長岡裕・西村修・藤井滋穂・古米弘明・水野修

　改めて，河川と社会の関わりの原点に戻り，流域と水質についての総合的な対策を行うことが求められている．流域住民はどのように河川水質改善に参加できるか，未知の化学物質など新しい水質問題にどのように対応すべきか，どのような水質目標を立てるべきか，河川あるいは河川水への新しいニーズは何か，新しい情報や知見をどのように対策に取り込むか，人と社会に対する様々なリスクをどのように考えるのか，など多くの課題がある．まさに総合的な対策が必要である．

「監修のことば」より

【主要目次】

第1章　水質環境管理の現状と課題
　　　　日本の水質環境問題の変遷と現在
　　　　日本の水環境保全行政
　　　　諸外国の水質環境管理

第2章　水質環境保全のための管理および技術
　　　　生活系汚濁源からの負荷と対策
　　　　工場・事業場など汚濁源の対策
　　　　面源の対策
　　　　河川水の直接浄化対策
　　　　流域住民による対策
　　　　情報技術を活用した河川管理手法

第3章　理想的な水質環境創出にあたっての主要課題
　　　　水遊びのできる河川の創出
　　　　クリプトスポリジウムなどへの対策
　　　　多種多様な生物が生息できる河川の創出

営業　TEL03-5215-3165　FAX03-5215-3233　技報堂出版　http://www.gihodoshuppan.co.jp/